李嘉誠

談 做人 做事 做生意

|全新修訂版|

前言

「成功」是許多人終其一生所追求的最高境界。但是並不是每個人都能享受到它。很多人雄心勃勃爲自己訂下了人生的目標，並且兢兢業業地努力工作，但卻事與願違。他們或許從來就沒有實現過自己的夢想、目標和渴望。這究竟是爲什麼?各人有各人的原因，但其中有一點可能是共同的：沒有摸清做人、做事的門道。

成功依靠實力，這是人所共知的道理。但是，所謂「實力」並不像一般人想像的那樣，是金錢，是關係，是學歷。通常人們看待成功人士，也往往只看表面，專注於人家一時的運氣和幹事業的客觀條件，卻忽略了人家賴以成就大事的內因，忽略了成功背後所付出的努力和多年的辛苦修練。

香港商界超人李嘉誠，是一位可供研究的成功典範。這位樸實厚道的商人，從做茶樓小二起家，連小學學歷都沒有，居然能在幾十年時間裡，建立起一個龐大的財富帝國，成爲香港歷史上首位「千億富翁」。如今，他的財產仍在以幾何級數增長。他在商業領域的每一個舉動，都爲世人極度關注。由於他非凡的商業成就，他被美國《時代》雜誌評爲全球最具影響力的商界領袖之一。香港《資本》雜誌選他爲香港十大最具權勢的財經人物之首。李嘉誠所創造的奇蹟，讓全世界的人仰慕、驚嘆。

走過人生第七十個年頭，李嘉誠開始總結自己的經商生涯，向世人道出了自己成功的祕密。他在多個場合發表的有關做人、做事、做生意的言論，常常令人如飲醇醪，茅塞頓開；使人如夢方醒，耳目一新。

聽其言，觀其行，研究他走上成功之路的歷程，我們可以得出以下結論：

一個體面的人，一個有尊嚴的人，一個彬彬有禮的人，一個和善可親的人，到處都會受到人們的歡迎，凡是與他們交往的人，也都會覺得親切愉快。一個人一旦擁有了這種品格，無疑是爲自己增添了無窮的成功之機緣。這就是李嘉誠成功做人的祕密。

一個聰明機智的人，一個做事有板有眼的人，一個養成一身良好的習慣、消除了事業障礙的人，一個虛心勤奮肯於鑽研的人，一定會在人生、事業的道路上步步走高，從而擁有很好的前程。這就是李嘉誠成功做事的祕密。

一個有生意頭腦的人，一個能洞察行情的人，一個有著良好的人際關係的人，一個具有良好的經商心態的人，就會在商場上左右逢源，穩步發展，天天向上，財源廣進。這就是李嘉誠成功做生意的祕密。

老老實實做人、踏踏實實做事、實實在在做生意，這就是做人、做事、做生意的鐵定規律，是立身處世的法寶，是縱橫商場常勝不敗的奧祕。李嘉誠遵循這些規律行事，因此成爲一個舉足輕重、魅力與實力並存的人物。而許多人終其一生都無視這些規律，那麼，這些人或許可能得意於一時，最終卻一事無成，說不定還要栽些大跟斗。

目錄

做人篇

一個體面的人，一個有尊嚴的人，一個彬彬有禮的人，一個和善可親的人，到處都會受到人們的歡迎，凡是與他們交往的人，也都會覺得親切愉快。一個人一旦擁有了這種品格，無疑是為自己增添了無窮的成功之機緣。這就是李嘉誠成功做人的奧祕。

做事篇

一個聰明機智的人，一個做事有板有眼的人，一個養成一身良好的習慣、消除了事業障礙的人，一個虛心勤奮肯於鑽研的人，必定會在人生、事業的道路上步步走高，從而擁有很好的前程。這就是李嘉誠成功做事的奧祕。

做生意篇

一個有生意頭腦的人，一個能洞察行情的人，一個有著良好人際關係的人，一個具有良好經商心態的人，一定會在商場上左右逢源，穩步發展，財源廣進。這就是李嘉誠成功做生意的奧祕。

做人篇

一個體面的人，一個有尊嚴的人，一個彬彬有禮的人，一個和善可親的人，到處都會受到人們的歡迎，凡是與他們交往的人，也都會覺得親切愉快。一個人一旦擁有了這種品格，無疑是為自己增添了無窮的成功之機緣。這就是李嘉誠成功做人的奧祕。

第一章　未學做事，先學做人

利用人生的挫折

有人說，傳統文化與商業文化大相逕庭，水火不容。成爲商界鉅子的李嘉誠，卻能將這兩者很好地結合成一體。在物欲橫流的商業社會，他表現出了一個華人應有的傳統美德。

這種傳統美德是李嘉誠爲人處事的基礎，並由此延展爲他從商的準則。而這些都得益於他父親的早期薰陶。

一九二八年七月二十九日，李嘉誠出生於廣東省潮安縣府城（現潮州市湘橋區）面線巷一書香世家。

一九四〇年初，爲逃避日軍侵略戰禍，十一歲的李嘉誠隨家人輾轉遷徙香港。

「未學經商，先學做人」，這是李嘉誠經常說的一句話。李嘉誠的父親、滿腹經綸的飽學之士李雲經面對現實，攜長子李嘉誠果決地走出象牙塔。他要求李嘉誠首先「學做香港人」。

首要的交際工具是語言。香港的大眾語言是廣州話。廣州話屬粵方言，潮汕話屬閩南方言，彼此互不相通。香港的官方語言是英語，這是進入香港社會的一種重要的語言工具。

李雲經要求李嘉誠必須攻克這兩種語言。一來立足香港社會；二來可以直接從事國際交流。將來假若出人頭地，還可以身登龍門，躋身香港上流社會。

李嘉誠謹遵父旨，勤學苦練。即使後來因父親過早病故，李嘉誠輟學到茶樓、到中南鐘錶公司當學徒，每天十多個小時的辛苦工作後，他也從不間斷業餘學習廣州話和英語。

試想，如果不懂廣州話，且不說難以在商場自由交往，就是生存品質也要大打折扣，賺錢又從何談起？

英語更給李嘉誠帶來了無法估量的巨大財富。長江塑膠廠創業的過程中，李嘉誠就憑一口流利的英語與外商直接接洽，從而贏得了使長江塑膠廠起飛的訂單。而李嘉誠之所以成爲世界首屈一指的「塑膠花大王」，其契機就源自李嘉誠從英文版的《塑膠》雜誌獲取了可貴的資訊。至於李嘉誠後來大規模的跨國經營，就更離不開英語了。

我們可以假設，李嘉誠只會說他的潮汕話，那他的商業活動就最多只侷限於潮籍人士。他即使成功，也是很有限了。

一九四三年，李雲經英年早逝。他沒有給李嘉誠留下一文錢，相反，給李嘉誠留下一副家庭的重擔。但李雲經卻給李嘉誠留下了終生受益的豐厚遺產，那就是如何做人的道理。

李雲經臨終前，哽咽著對李嘉誠說了兩句話：「阿誠，這個家從此靠你了，你要把它維持下去啊！」、「阿誠，爸爸對不起你……」

正是因爲對父親的承諾和對家庭的責任，年僅十四歲的李嘉誠謝絕了舅父繼續供他上中學的好意，毅然決然地輟學求職。他要掙錢，他要掙好多好多的錢。十四歲的他只有一個信念，就是要養活母親和弟妹。殘酷的生計，迫使李嘉誠別無選擇地走上從商之路。

李嘉誠的理想是當一個教育家，而不是商人，如果不是迫於無奈，他是不會去從商的。李嘉誠後來回憶說，就是立業之初，他的理想依然是「賺一大筆錢，然後再去從事教育」。

由此可見，李嘉誠從商實在是身不由己、逼上梁山。這也許就是時勢造英雄。別無選擇使李嘉誠義無反顧，商海搏擊之後，他終於成爲香港首富、世界華人首富。我們在這裡可以看到人生遭遇的反作用力是多麼巨大，因此可以得到啓迪：我們應該正視並且利用人生的挫折，甚至應該自加壓力，以此激發出自身的巨大潛能。

此外，父親還教給李嘉誠豐富而珍貴的做人道理。比如「貧窮志不移」、「做人需有骨氣」、「求人不如求己」、「吃得苦中苦，方爲人上人」、「不義富且貴，於我如浮雲」、「失意不灰心，得意莫忘形」、「窮則獨善其身，達則兼善天下」等等。

父親的薰陶和遺訓，李嘉誠永志不忘，並延展爲從商的準則。因此，李嘉誠在香港乃至國際商界樹立起良好的大家風範，並因其恪守商業道德而贏得了高度的信譽。這千金難買的信譽又回饋了李嘉誠無數的生意和財富。

經商先做人

做人是一門藝術，經商也是藝術。是藝術就要揣摩，就需加以領會和感悟。從表面上來看，做人與經商是兩回事：做人要誠實，經商則多變。但誠實中不妨有些靈活，多變中亦不可丟失本分。

在實際生活和具體工作中，人道和商道不可分割，一個是筆，一個是顏料，顏料調得好，才能畫出美麗的圖畫。

先說經商。在今天，做商人是自豪的。隨著市場經濟的發展，商人的地位越來越重要，這已是大家的共識。只有認真研究社會、經濟、人生，才能有把握做好生意。

做生意，要巧妙地運用誠實。要在適當的時候，以適當的方式，對適當的人講適當的內情。虛僞、圓滑不可養成習性。你因爲講了一些圓滑的話語，即使講的是眞話也無人相信；你講的總是誠實懇切的話，偶爾不愼講一次不實際的話，別人也會認爲是眞話。

做生意，要敢於暴露自身的弱點，不要顯得什麼都行，可以包打天下。

做生意，要不怕顯示謙卑的態度。與顧客談判時，謙卑也是起跑線。銷售是求人，求人是劣勢，劣勢就要謙卑。人們有一種傳統意識：希望你比他低、求他，他才肯說明。如果心理上總想勝過別人，以氣勢壓人，談判就不會成功。但謙卑也不要過分，過分了會讓人感到肉麻、討厭。

做生意，要善於發現對方的特點。人們都希望你尊重他的特長，你應該在事前就盡量搜集對方的各種資訊，找出他引以爲榮的特長來。然後，你就有意識地抬高他這一點，讓他高興、滿足，讓他感到你理解他、欣賞他。如果遇到知識豐富的對手，你就要調動所有知識與他溝通。

再說做人。生意場上，個人的性格魅力很重要。爲什麼同時有兩個經理，別人只願與其中一個打交道，這是有原因的。商場上講信義，做人不要含糊，要豪爽。即使不豪爽，也要憨厚。處處耍小聰明，終究成不了大氣候。

做人要胸懷寬廣，目標長遠。胸懷寬廣與目標的遠大關係密切。有了寬廣的胸懷才能招賢納才，有了遠大的目標就不會被一般的瑣事干擾。

做人要寬容，要善於對待不同意見，要能夠理解上司或者部下的苦衷。任何時候，善良都是很重要的。人有時候要不怕吃虧，吃虧也許能得到大家的支持。名譽暫時受損也不要緊，要知道誰笑到最後，誰才笑得最好。

做人要興趣專一。想做成一件事，就要捨棄許多嗜好。不要因爲嗜好而任自己的精力和時間隨意拋灑。很難相信生活上處處瀟灑的人能把事業做得很成功。刻苦做事，往往會被人譏笑爲「苦行僧」，但成功在自己腳下，歡樂在我們心中。當你站在山頂上的時候，自會得到別人的掌聲和敬仰。

做人要注意修養。修養有兩個方面：一是生活經驗、理論知識的累積；一是服裝穿著、風度氣質的訓練。現在經商的人，最大的缺點是讀書少，因此要見縫插針多學習，使自己的知識和視野始終跟上科技發展的步伐。知識豐富了，講話才有水準，才能與別人交流。再就是講究言談舉止、姿態修飾，如果坐著卻腿腳亂晃，菸頭亂扔，一看就是缺少社交素養。彬彬有禮、不亢不卑，才會顯出大家風範。

人格力量，決定經商的成敗。

以樸實的本性來生活

成功是人人都渴望和追求的，但你是否知道，成功者的生活往往並不代表生活的本來面目。有許多人不了解這一點，他們往往喜歡模仿那些成功者的言行，以吸取別人的經驗，來彌補自己的不足。但是，把別人的言行和經驗照葫蘆畫瓢，全部模仿過來，恐怕是無法行得通的，也有可能由此而壞了名聲。

因此，我們每一個人都應該樹立自信心和平常心，否則就無法塑造自身的形象或是建立屬於自己的良好名聲。

不知你是否發現，你周圍絕大多數成功的人，都是本著自己樸實的本性生活著，他們在自己的人生舞台上，所表演的完全是他們自己的舉止，絕不刻意去模仿他人或假扮成別人。他們始終埋首工作，虛懷若谷，非但不炫耀自己，擺出一副大人物的架子，反而像普通人一樣誠實上進、虛心好學。最重要的一點是，他們從不自以爲是這個世界上的一個驕子。他們只需要一個最適合自己工作的場所，然後努力使自己成爲令人尊敬的人。

如果你長期以來就在工商界活動，一定接觸過許多公司的領導層。在這些人中間，有些人自以爲像萬能的上帝一樣，具有高度的支配力。但是，我們最終會發現，他們多半是不可靠的、不足信賴的、或是不負責任的人。現在有些年輕人，事業上稍有了一點小成就，就自以爲不得了，指手劃腳，這個也看不起，那個也看不慣。其實他們也只不過是有那麼一點小成就罷了，還沒有、甚至無法達到宏偉的目標。各位是否知道，凡是有所成就的人，他們所謹守的法則是什麼嗎？現將這些法則簡述如下：

1、態度自然：絕不玩弄過分勉強的技巧。

2、言而有信：沒有根據的話絕對不說。

3、說話簡明扼要：只說自己想說的話，絕不添油加醋，故弄玄虛。

4、處事公平：即使對方的意見和自己不一致，也應認眞地傾聽。

5、運用機智：沒有一件事不能以合乎禮儀的態度說出來。當然，更沒有不以無禮的態度就不能說出來的事。因此，必須因時因地選擇適當的語言。這樣一來，尊敬你的人定會與日俱增。

李嘉誠金言：保留一點值得自己驕傲的地方，人生才會活得更加有意義。

勤勞與創新是成功的基本素質

推銷是一門十分複雜而且不容易學會的工作。直到如今，在商界仍然有很多人認爲一個優秀的推銷員是天生的，而不是學成的。不可否認，推銷的確是一門需要極具耐心、細心，又必須時刻有創意的工作。它要求從事這項工作的人，必須學會從容自得地進行交際；它要求你必須做到能夠讓人們信賴你，並微笑著將自己掙的錢放進你的口袋裡。

掌握所有關於推銷的技能，對於生性靦腆、常常在陌生人面前顯得較爲拘謹、內向的李嘉誠來說，不是一件簡單輕鬆的事情。但是，他卻能做得很好。當有人問他成功的奧祕時，李嘉誠堅持認爲，從事推銷工作，至爲關鍵的有兩點：一是勤勞；二是創新。

最初，李嘉誠每次出門向客戶推銷產品之前，心情都十分緊張。所以總是在出門前或者在路上把要說的話想好，準備充足，並且練了又練。

漸漸地，李嘉誠發現自己不僅適合推銷，而且大有潛力。他天生有一種十分有利於當推銷員的性格，那就是他與生俱來的敏銳觀察能力和分析能力。他總是能夠憑著他的直覺第一眼就能看出自己面對的客戶是什麼類型的人物，並且能夠馬上了解客戶的心理、性格。這樣，李嘉誠可以說具備了一套適合他自己的獨特且出色的推銷術。

李嘉誠認爲，在從事推銷工作的時候，自己必須要充滿自信，且又十分熟悉所推銷的產品，盡最大的努力，設法讓客戶感到你的產品是廉價而且優秀的。

尤其最重要的是，要時刻注意客戶的心理變化，時刻使他們有興趣聽自己講述，而不認爲是在浪費他們的時間。

實際上，只有十七歲的李嘉誠，仍長著一張讓成年人無法信賴的孩子臉。但聰明的李嘉誠，總會預先告訴客戶他的年齡，當然是經過加工之後的年齡。再加上他那讓人信賴的誠實目光，更使李嘉誠無往而不勝。很快地，最年輕的李嘉誠其推銷成績，成爲全公司遙遙領先的佼佼者。

天天努力做新人

即使是最成功、最有影響的人物，也一樣有不如別人的地方；同樣即使再平常的人，也有自己的優點或長處。

不論是容貌、財富、能力、經驗，或是嗜好、家庭、朋友、師長，至少你要能找出自己比別人強的四點理由。

找到這四項長處，把它一項項寫下來，大聲念給自己聽。現在你該知道，要從什麼地方去展現你的魅力了吧！

肯定自己、欣賞自己、喜歡自己，這是自我發現、做新人的第一步。

先找到自己的優點，並學會肯定它；看出自己與別人的不同，並試著欣賞它，這樣在芸芸眾生當中，你會突然間又發現了一個可愛的人，那就是你自己。

喜歡自己，不是一件容易的事。絕大多數人容易喜歡別人、欣賞偶像、肯定大人物，和他們相比較，自己彷彿一無是處。即使是身邊最普通的朋友，有時也讓我們心生羨慕，自嘆不如。

有的人有許多的優點，卻自認是一個不漂亮、沒有魅力、不討人喜歡的人物。其間最大的障礙，就在於他從來不曾眞正欣賞過自己所擁有的一切。

任何一個有魅力的成功人士，都懂得欣賞自己、肯定自己、喜歡自己。

在這個世界上，本來已經充滿了阻擋我們前進的重重障礙。人們要生存就必須具備披荊斬棘的勇氣，並不停地和所有惡劣的環境搏鬥。

而所有看來具有魅力的人物，莫不是在生活的重重煎熬中，不休不止地與自己鬥爭，與他人抗爭。這樣的對抗已經萬分艱難，在艱難之餘，還能夠流露出自在的魅力，不免使我們好奇，他們的力量來自何處？

答案很簡單，除了別人的認可，自己給予自己的支持最爲重要。如果連自己都不支持自己，那麼還有誰會推動你走下去呢？

我們的內心都有等待開發的優點，即使那優點微不足道，但是小樹也有長成大木的一天。一點點的優點，只要能得到充分發揮，說不定正是成爲偉大人物的起點。

找出你的優點，認清自己與別人不同的地方。肯定自己的個性、方向及堅持，在困境中仍然不忘欣賞自己，支持自己走下去。

悄悄地為他人做點好事

許多人在爲他人做好事、行方便的時候，總會順便告訴對方自己對別人也很好，心裡悄悄地企盼著對方對自己有所肯定。

我們要求自己健全人格，希望自己成爲某種有思想的人，所以我們加強自身修養，經常做些好事，對別人施以仁愛。這樣做可以提高自我意識，認識到自己善良的品質，並肯定自我價值。

我們爲他人做好事的行爲本質上是很好的，但是要記住：我們只是爲了透過自己善良的行動爲他人創造美好生活，而不是爲了讓別人知道「我有恩於你」。實際上，你做好事的同時，你善良的本性已經使你感覺愉快——你仁愛的意義即在於此，所以千萬別圖回報。

既然要付出，就單純地付出，不要圖回報，這就是爲什麼要提倡「悄悄地爲他人做點好事」。別人的感激與表揚並不是你最需要的，你眞正得到的有意義的回報是你無私奉獻的熱情——只要你有了這種熱情，你的生活就會更加美好、更加愜意起來。所以，下次你爲別人做好事的時候，請不要聲張——你的心情坦然了，你就能體會到奉獻的樂趣。這是一種跟你的生活密切相關的處事方式，它不僅會帶給你快樂，而且做起來也是輕而易舉。

然而在日常的生活中，無論我們是有意或是無意的，我們總是想從別人那裡得到點什麼，尤其是當我們爲別人做了點什麼的時候。比方說常常有這樣的情況：住在同一間寢室的人常說「既然我打掃了洗手間，那麼他就應該將廚房清理一下。」或是鄰居之間「我上週幫他們家照顧了一下午孩子，這次總該他們幫我了吧！」之所以出現這種情況，其原因是——我們都認爲我們所付出的已遠遠超過所得到的回報。

實際上，一個眞正有智慧、內心充滿平和寧靜的人，每當他爲別人提供方便的時候，他往往只想到要去做，而做了之後他就會感到靈魂中的快樂。正如同適當地作一些運動可以使人身心都得到放鬆一樣，你所作的這些愛心行動也可以使你在情感上得到同等程度的愉悅，你感覺上的回報就是你意識到你做了這些「小小的」好事。

如果你感到替別人做了什麼而得不到任何回報，那麼導致你心理不平衡的根本原因是隱藏在你內心的互惠主義，它干擾你內心的平靜，它使你老是在想：「我想要什麼，我需要什麼，我應當去索取什麼。」如果行善事而有所圖，也許好事會變成壞事。有一位美國青年，曾從深井中救出一個小女孩，得到女孩父母深深的感激和眾人的欽佩。不幸的是，從此以後，他無論走到哪裡都希望人們知道他的這一善行。隨著歲月流逝，人們漸漸淡忘了，他卻念念不忘，並越來越無法忍受人們如此對待他這樣一個救人英雄，以致最後不得不選擇了自殺。維吾爾族傳說中最聰明的阿凡提曾經說過：人家對你做的好事，你要永遠記住；你對人家做的好事，你要立即忘記。這位美國青年若能領會到阿凡提的名言，那麼這個悲劇或許就能避免。

在你的生活中試著眞心眞意地去幫助別人，而且當這一切完全發自你的意願時，你一定可以體會到幫助他人而不在乎你所幫的人會給你什麼樣的報答將是件很快樂的事情。如果你眞的這麼做了，你就會感到這一切對於你心靈的回報——一種和平、寧靜、溫暖的感覺。

試著給人一個驚喜

生活大多數時候是平淡的，正因爲如此，如果你能在平淡的生活中給人一個驚喜，別人將會十分感激你。也正因為生活平淡。所以只要你用心，驚喜還是很容易找到的。

驚喜能使生活變得豐富多彩、情趣盎然。給朋友一個驚喜能使朋友深刻地感受到你的情義；給喜愛的人一個驚喜會讓其感受到你的關愛；給孩子一個驚喜則能令他乖上幾天；當然給別人一個驚喜也能讓自己感到自豪和興奮。

當一個和你只見過一面的朋友，三個月後站在你面前，你卻微笑著清楚地喊出了他的名字，這份驚喜定能讓他真切地感受到你對他的重視。這麼一個良好的印象可能會影響你們以後的所有交往。當你不經意地說兒子特別喜歡收集橡皮擦，兒童節那天，你朋友捧了一包多姿多彩的橡皮擦來到你家，不光你兒子會高興得很，相信你也能感受到朋友的這份特殊的關心。其實每個人都渴望得到別人的特殊關照，而給人驚喜是讓人感受特殊的最好辦法。

不要武斷地認為給人驚喜是多麼的難，只要你不認為只有送鑽石、豪宅才能給人驚喜，那麼問題就好辦得多。首先，我們可以在電視、電影中學點招數。電影、電視都是一些思想豐富、喜歡浪漫、善於幻想的人編出來的，但其中的許多做法卻能讓生活中的我們感到驚喜。節日給女友送朵花；朋友過生日，給他一份特別的禮物等等。只要你不認爲生活本該如此平淡，只要你想讓生活豐富多彩，電影、電視以及別人的做法都會讓你有無數靈感。

平時對朋友、家人多加留心，相信會有很多讓他們驚喜的機會。不是他告訴你，而是你自覺地記住了他的生日。記住朋友家人的生日，記住朋友的結婚紀念日。如果能記住朋友和他夫人的初次約會日，那就更好了。平時準備個本子，記下一些他人的資料，相信你能成爲驚喜的創造者。朋友有邊辦公邊聽音樂的習慣，當有一天朋友的隨身聽突然壞了，你悄悄地把一個新的借給了他，這自然會讓他驚喜萬分。

當然，改變一下自己的性格，改掉一些自己的缺點，改變一下自己原以爲想當然的規矩，也會給他人帶來驚喜。女友一直討厭你抽菸，哪一天你眞的不抽了，這份驚喜能讓戀人感受到你對她的重視。古板的父親一直不讓女兒週末出去玩，認爲這樣危險，有一天父親突然對女兒說：「爲什麼不出去和同學一起過週末？」女兒會認爲她爸爸是世界上最開明的。

只要你喜歡驚喜，它就會經常出現！

跨出自己的社交圈

什麼樣的人就會有什麼樣的朋友；希望成爲什麼樣的人，就要跟什麼樣的人在一起。人之所以會成功，是因爲有朋友幫助；人之所以會成長，是因爲他吸收了別人的成功經驗。

如果你接觸的是同一群人，你的成長是有限的；如果你能夠擴大你的生活圈，你的層次就會大幅度提升；如果你能夠嘗試新的事情，你就能夠突破內心種種的困難和障礙。

你必須跨出自己的社交圈，必須接觸不同類型的人，因爲不同類型的人會帶給你不同的刺激，不同的刺激會帶給你不同的創意，不同的創意可以讓你想出新的點子，能夠使你在市場上占更大的優勢，這樣的話，你成功的機會就大幅度地提升。

不妨從今天開始，想想看，你決定要參與什麼樣的組織、加入什麼樣的團體，要跟什麼樣的朋友在一起，那就請立刻行動吧！去找到這些人。成功者都是主動出擊的，被動不會有收穫。

尊重別人，爲別人著想的人，自然能與人相處融洽。一個成功的人，也許會有許多相識，然而卻只會有少數朋友。

有人說過：「所謂朋友是了解你和愛你的人。」當你快樂時，他們眞正爲你快樂；當你遭遇困難時，他們始終不離不棄。我們在生活中不時會受到打擊，這時，唯一使我們能活下去的，便是知道有人關心我們。

友誼不是自動來的，它是我們把自己給予所愛的人的結果。沒有比這種投資報酬率更大的投資。同樣地，你努力追求到的名與利，若沒有人與你分享，便是毫無價值的。因此建立自尊，要從培養友誼著手。

李嘉誠金言：我生平最高興的，就是我答應幫助人家去做的事，自己不僅是完成了，而且比他們要求的做得更好，當完成這些信諾時，那種興奮的感覺是難以形容的……

做人要「貨真價實」

學識與修養是人內在的精華，是精神的完美表現，是人格魅力的眞正源泉。它難以用固定的模式加以討論，也不是能完全描述出來的東西。它往往是以「潤物細無聲」的方式影響人的心靈，而且它更多的是靠我們的體會、領悟。

學識是社會交往中的基礎。它不僅僅是指通過正規的學校教育所取得的理論知識，還包括豐富的人生體驗。學識是一個系統，由若干層次的知識組成。具有淵博學識的人，不一定都經歷過正規教育，但他們的學識和體驗早已豐富了他們的心靈，使他們在社會交往中散發出智慧的光芒。俄國文學家馬克西姆·高爾基，因家貧過早輟學，四處謀生卻一直堅持學習，終於成爲一代文豪。豐富的社會閱歷和獨特的人生體驗，促成了高爾基深邃的思想與淵博的學識，他在社會交往中非常出色，影響了幾代年輕人。所有與他接觸過的人都說，他的談話深入淺出，飽含生活熱情，卻絲毫不矯揉造作，能澈底征服人們的心。

如今，在知識經濟浪潮中，人們早已對「學習」有了嶄新的認識。今天的學習已經不再是我們的頭腦裡記住了多少東西，不是看我們能背誦多少唐詩宋詞、數學公式，而是看一個人有沒有學習的能力，能不能判斷他該學習什麼、怎麼學習、何時進行學習。因此，學識在很大程度上已不再是從前的概念，而是一種能力的表現，它包括對已有知識的靈活應用、不斷向新領域進軍、時刻注意更新和完善已有的知識等等。此時，學識是充滿活力的表現，富有學識的人可能是一個具有高超判斷力、頑強學習能力、創新思維能力的人，而肯定不是一個「書呆子」或死氣沉沉的人。

修養是一種內在的精神境界，它融合了性格、禮儀、態度和學識，以內在氣質整體地凸顯於人們面前。在社會交往中，真正影響別人的正是這種綜合素質，而它卻往往從微不足道的小事中表現出來。

我們常常在社會生活中聽到這樣的評論，說某人很有風度和品位，是很有味道的人，就像一口取之不盡的甘泉，滋潤人們的心靈；而某人卻是華而不實，初結交時很有意思，再深入時則發現其內心沒有什麼東西。其實，這兩者的區別就在於誰才是貨眞價實的，誰才是在學識和修養上更高一籌的。

做生意是無信不立

談到做生意的祕訣，李嘉誠最看重的就是一個「信」字。他在對兒子們進行教育時也反復強調這一點。

對於李嘉誠這位三十歲就憑自己的努力成爲富豪的人來說，商人最重要的素質是「信」。

其實，李嘉誠對事業上的「信」與他對人的「誠」是分不開的，誠信相合，即爲「義」。從對子女的教育上最能看出一個人的爲人和心中的想法。李嘉誠坦言：「以往百分之九十九是教孩子做人的道理，現在有時會談論生意，約三分之一談生意，三分之二教他們做人的道理。因爲『世情』才是大學問。世界上每一個人都精明，要令人家信服並喜歡和你交往，那才最重要。」

「我經常教導他們，對人要守信用，對朋友要有義氣，今日而言，也許很多人未必相信，但我覺得『義』字，實在是終身用得著的。」李嘉誠一直都在磨練李澤鉅、李澤楷兩兄弟。

有句話說，「沙地裡長出的樹再怎麼扶也扶不起來。」對於經商者來說，如果從小沒有養成遵守信用的習慣，那麼就不可能取得別人的信任，生意也很難得到發展。李嘉誠曾戲稱自己不是「做生意的料」，因爲他覺得自己不會騙人，不符合人常說的「無商不奸」的標準，但其實正是因爲他有信而無奸，所以才做出了全亞洲獨一無二的大生意。

保持正直的品格

如果一個青年在剛踏入社會的時候，便決心把建立自己的品格作爲以後事業的資本，那麼做任何事情，都無悖於養成完美人格的要求，即使他無法獲得盛名與巨大利益，但終不至於太失敗。而那些人格墮落、喪失操守的人，卻永遠不能成就眞正偉大的事業。

人格操守是事業上最可靠的資本，多數青年對於這一點缺乏認識。這些年輕人過分地注重技巧、權謀和詭計，卻忽視對正直品格的培養。爲什麼有許多公司情願以非常昂貴的代價，去用已死數十年或數百年的人的名字來做公司的名稱呢？因爲在那些已逝者的名字裡面含有正直的品格，代表著信用，使消費者感到可靠。

有一些青年明明知道這樣的事實，但是他們仍然不將事業的基礎建立在正直的品格上，反而建立在技巧、詭計和欺騙上，這難道不令人感到奇怪嗎？但也有相當多的年輕人並不把事業建立在不可靠和不誠實的基礎上，而是建立在堅若磐石的正直品格上，這樣，他們的成功才是眞正的成功，才有眞正的價值和意義。

公道、正直與誠實是成功所包含的要素。每一個人應該感到，在自己的體內有一種富貴不能淫、威武不能屈的力量。這極其寶貴的力量就是一個人的品格，應不惜以生命來保持自己正直的品格。大凡歷史上眞正偉大的人物，其人格是高貴的，他們不會因金錢、權勢、地位等種種誘惑而出賣人格。

亞伯拉罕．林肯當律師時，有人找林肯爲訴訟中明顯理虧的一方做辯護，林肯回答說：「我不能做。如果我這樣做了，那麼出庭陳詞時，我將不知不覺地高聲說：『林肯，你是個說謊者，你是個說謊者。』

林肯的美好名聲爲什麼不隨著歲月的流逝而消失，反倒與日俱增、婦孺皆知呢？因爲林肯的一生都保持著正直的品格，從來沒有作踐過自己的人格，從來不曾糟蹋自己名譽的緣故。

當一個人過著一種虛僞的生活，戴著假面具，做著不正當的事情時，他將受到自己內心的嘲笑，甚至會鄙棄自己。他的良心將不住地拷問他的靈魂：「你是一個欺騙者，你不是一個正直的人。」這就會敗壞人的品格，削弱人的力量，直至澈底葬送人的自尊和自信。

無論有多大的利益、多麼難以抵制的引誘，千萬不可出賣自己的人格。如果一個人過分地追逐名利，將會敗壞他的才能，毀滅他的品格，使他作出違背良心的事情來。

無論你從事何種職業，你不但要在自己的職業中作出成績來，還要在自己的做事過程中建立自己高尚的品格。在你做一位律師、一名醫生、一個商人、一位職員、一個農夫、一名議員，或者一位政治家時，你都不要忘記：你是在做一個「人」，在做一個具有正直品格的人。這樣，你的職業生涯和生活才會有意義。

培養完美的個性

個性有瑕疵的人並非一無可取、不可救藥，許多事例驗證了這一點。有些卓越不凡、幽默風趣的人，原來也可能是個孤僻、難以相處的人。他們透過靈活運用自己的長處，同時克服了自己個性中的缺點而獲得成就。要想克服個性中的缺點，先要分析自己的個性，同時了解優良個性的特徵，以便朝那個方向努力。

一般說來，優良的個性具有如下特徵：

一、誠意：誠意一般是指由熱情、熱心和興奮等糅合而成的感情狀態。一個對工作、學習和他人抱有誠意的人，往往能彌補個性上的一些缺點。

二、理智：這就要開動人的思維機器，要多看、多聽、多思，凡事都能以明確而理智的行爲來進行。在處理事情的過程中，不隨意埋怨、輕視別人，即使面對即將發生的重大事件，也能冷靜理性地應變，最終度過難關。

三、友情：友情可以使你交友廣闊，從而建立充滿善意和體貼的良好的人際關係。但切記勿把友情與親昵混爲一談。友情是一種互助的關係，它能激發朋友之間相互尊重。

四、英俊、瀟灑、魅力：這和個人風采有關。清潔、整齊、英俊、瀟灑的風采，能使男性保持自然可親的個性，再加上良好的教養，確能助人事業成功。

魅力是一種無形的美。每個人都可能有獨特的魅力，但是只有當我們與人交往時，魅力才會被感受到。

魅力的神祕感表現在言語未到之時，它也許是一個眼神，是手輕輕地一觸，或僅僅是一種感覺；它是一種內在吸引力，是教養、舉止以及氣質的綜合。如女性容顏的美醜，那是由先天條件決定的，人力沒有改變的可能，但是魅力卻可以經由後天的努力去加以培養營造。心理學家提供的幾種培養魅力的方法值得我們參考：

1、注重禮貌儀態。在任何場合中，謹記以禮待人、舉止文雅。

2、態度開朗，和藹可親，特別是應該具有接受批評的雅量和自嘲的勇氣。

3、對別人顯示濃厚的興趣和關心。大多數人都喜歡談自己，因此在與人交際時應該懂得如何引發對方表露自己。

4、與人交往時，經常和他們的目光相接觸，使對方產生知己之感。

5、博覽群書，使自己不致言談無味。

6、慷慨大度，這樣才能獲得別人的欣賞。

其實，改善自我個性沒有任何祕訣，最重要的是要有堅定的意志，憑藉一定的規則和計畫來自我完善。每天只要花三十分鐘的時間，認眞學習，並提出問題，那麼你的個性就會隨著你的知識增長而得到改進。

充實自我，若能由淺入深、由簡而繁，在無意中持續下去，你就會發現其中樂趣，並樂此不疲，你個性上的缺點就會得到很好的彌補與調整。

無所不在的教養

無論是開會、赴約，還是做客，有教養的人從不遲到。他懂得即使是無意識的遲到，對準時到場的人來說也是不尊重的表現。如果萬一由於某種原因開會遲到了，那麼他就會盡可能悄悄地走進會場，力求不因爲自己的到來而影響別人。他會坐在緊靠門口的椅子上，而不是在屋裡來回走動，到處去找座位。

有教養的人從不打斷別人的講話。他首先要聽完對方的發言，然後再去反駁或者補充對方的意見。在這種情況下，急躁和慌亂不僅不能加速解決事情的進程，反而會引起神經過敏和思維紊亂，以致延誤問題的徹底解決。

有教養的人在與別人談話的時候，總是看著對方的眼睛，而不是翻閱資料，來回挪動什麼東西，或者擺弄鉛筆、鋼筆等，因爲這些動作只會反映出其不耐煩的情緒，使來訪者發窘，以至於打斷人家的思路。其結果只會占去談話雙方更多的時間。

在古希臘時代人們就發現：文明的人不高聲講話。高聲講話令人厭煩，會影響周圍的人，甚至使人惱怒。

有教養的人從不生硬地、斷斷續續地回答別人的問題。明確簡練和簡單生硬毫無共同之處。

有教養的人尊重別人的觀點，即使他不同意，也從不喊叫什麼「瞎說」、「廢話」、「胡說八道」，而是陳述、說明不同意的理由。

無論是工作還是休息，有教養的人在與人交往時，從不強調自己的職位，從不表現出自己的優越感。

有教養的人遵守諾言，即使遇到困難也從不食言。對他來說，自己說出來的話，就是應當遵守的法規。

有教養的人，在任何情況下，對婦女尤其是上了年紀的婦女，總要表示關心並給予照顧。

有教養的人，從不忘記向親人、熟人、同事祝賀生日和節日。特別是由於某種原因而無須特別慶祝某一紀念日的時候，表示關懷尤為重要。

有教養的人善於分清主次，權衡利弊，不會因為一點小的衝擊或難言的心事而和朋友斷絕友好關係。

有教養的人，不會當眾指責別人的缺點。對別人的興趣、嗜好和習慣從不表現出否定態度。

有教養的人，在別人痛苦或遇到不幸時絕不袖手旁觀，而是盡自己力量和可能給予同情。如果是很親近的人，他就要全力以赴作出需要的一切。如果是同事、熟人或鄰居，他也要表示同情，打電話問候，或者抽時間前去看望。

有教養的人，在街上發現孩子們的越軌表現和淘氣行爲就會上前去制止，並認爲這樣做是自己的責任。

夾著尾巴做商人

如何才能做好生意，這是許多人向李嘉誠請教的一個問題。對於這種問題，李嘉誠的回答是「保持低調」。所謂保持低調其實就是通常人們所說的夾著尾巴做人。

什麼是夾著尾巴做人呢？就是要以一種謙虛和合作的態度去與人打交道，談生意也是一樣。正如李嘉誠自己公布的生意祕訣一樣：「最簡單地講，人要去求生意就比較難，生意跑來找你，你就容易做。一個人最要緊的是，要有勤勞、節儉的美德。最要緊的是節省你自己，對人卻要慷慨，這是我的想法。講信用，夠朋友，這麼多年來，差不多到今天爲止，任何一個國家的人，任何一個省份的中國人，跟我做夥伴的，合作之後都能成爲好朋友，從來沒有一件事鬧過不開心，這一點是我引以爲榮的事。」

不僅在做人方面保持低調，李嘉誠在教育孩子方面同樣也是諄諄告誡。李嘉誠是個寬厚且開明的父親，雖然他看不順眼兒子的打扮，但他不強求兒子。他希望的是兒子有出息，能夠做大事業，至於個人的生活品味和作風，只要不太出格就行了。李澤楷獨立門戶創辦盈科，李嘉誠贈予他的一句箴言是：「樹大招風，保持低調。」顯然李澤楷以後的行爲，完全有悖於這句箴言。李嘉誠是否批評過兒子呢？就李嘉誠接受媒體專訪時對兒子的評價來看，他並沒有指責李澤楷這一點。

成名以後，李嘉誠的經商謀略、行爲方式，成爲人們評價和模仿的對象。但這種低調的處世哲學卻不太被人們接受，這是十分奇怪的。不管怎樣，李嘉誠仍然保持了他的一貫低調作風，例如當年李宅辦理李澤鉅的婚事時，在李澤鉅去接新娘之際，李宅門口聚滿採訪的記者。李嘉誠破例邀請記者參觀李宅花園。李宅高三層，李嘉誠本人住三樓，李澤鉅與王富信則在二樓構築愛巢。李嘉誠站在草坪上說：「一層才兩千平方英尺，不算大呀……長實集團公司起碼有一百個職員，他們住的地方不比這裡差……你們（記者）去過多少富豪家宅，好多都靚過我這裡。」

對於媒體有關李家深水灣大宅大肆裝修的報導，李嘉誠矢口否認，強調只用了約三個月，「這裡二十多年都沒有認眞裝修過，即使裝修一番，也要好好裝修呀，是嗎？」其實，公家娶媳，本是大出風頭之日，李嘉誠卻一如往昔處事小心，如果沒有十分強烈的自我約束意識這是做不到的。

第二章　最適合做生意的人

商人成功的三個條件

以企業家和商人的標準來看李嘉誠，他無疑是成功的。關於他成功的奧祕，有許多人作過專門的研究，但無論如何，以下三個重要的條件是不容忽視的。

1、好手腕

所謂手腕包括商業競爭的方法和與社會溝通的方法兩個方面。有人將其歸納爲李嘉誠「高超的外交手腕」。其實，熟悉李嘉誠的人都知道，言行較爲拘謹的李嘉誠，絕不像一位談鋒犀利、能言善道的外交家。他像一位從書齋裡出來的中年學者，而不像那種巧舌如簧、精明善變的商場老手。但在這樣一個隨意而平常的外表後面，你不難發現，李嘉誠具有善變的商業謀略和靈活的溝通技巧。概括李嘉誠所具有的商業謀略，可以歸納爲耐心等待、捕捉機遇、有智有謀、從長計議。李嘉誠正是這樣不斷地通過官地拍賣與私地收購，爲地產發展提供了源源不斷的土地資源。

2、好口才

關於李嘉誠的好口才，許多人都有同感，李嘉誠的語言第一是誠實，第二是幽默。有關誠實大家已司空見慣，而其所具有的幽默則別具一格。例如，曾有記者採訪李嘉誠，問：「都說您是拍賣場上『擎天一指』，志在必得，出師必勝，但您有時爲何還是中途退出？」

李嘉誠幽默地說道：「這已經超過我心定的價。你們沒看到我想舉右手，就用左手用勁捉住；想舉左手，就用右手捉住。」

3、好素質

有人常說，李嘉誠的成功是由於幸運。其實，誰都了解，幸運成全不了股市常勝將軍，李嘉誠之所以能成爲股市強人，靠的還是他的良好素質。因爲，他每一次股災之中，都能夠安然渡過，而不至於翻船落水。

一位跟隨李嘉誠多年的高級經理人在會見知名《財富》記者時說：「李嘉誠

是一位最純粹的投資家，是一位買進東西最終是要把它賣出去的投資家。」這位經理人的話，揭示了李嘉誠在股市角色的優勢。這種優勢或許很多人都明白，但由於急功近利心理的驅使，許多人都不願做這種角色，而寧可做投機家。

投資家與投機家的區別在於：投資家看好有潛質的股票，作爲長線投資，既可趁高拋出，又可坐享常年紅利，股息雖不會高，但持久穩定；投機家熱衷短線投資，借暴漲暴跌之勢，炒股牟暴利，自然會有人一夜暴富，也更有人一朝破產。香港股壇上赫赫有名的香大師香植球、金牌莊家詹培忠，都曾股海翻船，數載心血幾乎化爲烏有。可見，人算不如天算——再聰明的人，都有失算之時，而李嘉誠依靠的是自己良好的心理素質和考慮周全的智囊謀略，故而李嘉誠大進大出，都是一有良機，急速拋出，無形之中減少了自己的風險。

李嘉誠金言：在看過蘇東坡的故事後，就知道什麼叫無故受傷害。蘇東坡沒有野心，但就是被人陷害，他弟弟說得對：「我哥哥錯在出名，錯在出高調。」這個真是很無奈的過失。

生意人應具備的八種性格

身爲生意人，應具備如下八種性格。

1、熱情

熱情是性格的情緒特徵之一。生意人要富於熱情，在業務活動中待人接物要始終保持熱烈的感情。熱情會使人感到親切、自然，從而縮短與你的感情距離，與你一起創造出良好的交流思想、情感的環境。但也不能熱情過分，過分會使人感到虛情假意，從而有所戒備，無形中就築起一道心理上的防線。

2、開朗

開朗是外向型性格的特徵之一，表現爲坦率、爽直。具有這種性格的人，能主動積極地與他人交往，並能在交往中吸取營養，增長見識，培養友誼。

3、溫和

溫和是性格特徵之一，表現爲不嚴厲、不粗暴。具有這種性格的人，樂意與別人商量，能接受別人的意見，使別人感到親切，容易與別人建立親近的關係，生意人需要這種性格。但是，溫和不能過分，過分則令人乏味，受人輕視，不利於交際。

4、堅毅

堅毅是性格的意志特徵之一。生意人的任務是複雜的，實現業務活動目標總是與克服困難相伴隨，因此生意人必須具備堅毅的性格。只有意志堅定，有毅力，才能找到克服困難的辦法，實現業務活動的預期目標。

5、耐性

耐性是能忍耐、不急躁的性格。生意人作爲自己組織或客戶、雇主與公眾的「仲介人」，不免會遇到公眾的投訴，被投訴者當作「出氣筒」。因此，沒有耐性，就會使自己的組織或客戶、雇主與投訴的公眾間的矛盾進一步激化，本身的工作也就無法開展。在被投訴的公眾當作「出氣筒」的時候，最好是迫使自己立即站到投訴者的立場上。只有這樣，才能忍受「逼迫心頭的挑戰」，然後客觀地評價事態，順利地解決矛盾。生意人在日常工作中，也要有耐性。既要做一個耐心的聽者，對別人的講話表示興趣和關切；又要做一個耐心的說服者，使別人愉快地接受你的想法而沒有絲毫被強迫的感覺。

6、寬容

寬容是寬大、有氣量，是生意人應當具備的品格之一。在社交中，生意人要允許不同觀點的存在，如果別人無意間侵害了你的利益，也要原諒他。你諒解了別人的過失，允許別人在各個方面與你不同，別人就會感到你是個有氣度的人，從而尊敬你，願意與你交往。即退一步，進兩步。

7、大方

大方即舉止自然，不拘束。生意人需要代表組織與社會各界聯絡溝通，參加各類社交活動，所以一定要講究姿態和風度，做到舉止落落大方，穩重而端莊。不要縮手縮腳，扭扭捏捏；不要毛手毛腳，慌裡慌張；也不要漫不經心或咄咄逼人。坐立的姿勢要端正；行走的步伐要穩健；談話的語氣要和氣；聲調和手勢要適度。唯其如此，才能使人感到你所代表的企業可靠、成熟。

8、幽默感

即具備有趣或可笑而意味深長的素養。生意人應當努力使自己的言行，特別是言談風趣、幽默，能夠使人們覺得因爲有了你而興奮、活潑，並能使人們從你身上得到啓發和鼓勵。

有耐心和毅力的人

人生的道路是曲折迂回的，有時候是平坦的康莊大道，有時候是崎嶇的羊腸山徑。越是曲折的人生越有意義，因此困難險阻正是考驗人生的利器。

經濟高度發展的今天是「事求人」的時代，因此只要學有專長就不怕沒有作爲，一家公司做厭了立刻可以在別的公司找到新工作；這一行做膩了很容易轉到另一行。於是許多人想要自立做生意，然而那種易於「變節」的個性卻已經變成了薪水階級的第二天性。改不掉這種性格而想去做生意就會招致橫衝直撞、一事無成的後果。

本來人的性格有先天遺傳而來的，有後天環境造成的。在這兩種力量交互影響下，就造成種種不同的個性。

有喜新厭舊的人；有好死不如賴活的人；有橫衝直撞的人；有一遇困難就退縮不前的人；有見風使舵的人……所謂一樣米養百種人。因此有上班沒幾天就開始到別家公司找工作的人；有每次在同學會碰見就遞上一張不同公司不同職務的名片的人。這種人還是別做生意。什麼事情一著手做就討厭，一碰到麻煩就趕緊躲開，這樣的人去做生意也一定不會成功的。

下棋也好、打球也好、交誼性的比賽也好，中途認輸，從頭再來，那是可以的。但是戰爭的話，輸了就死路一條，是沒有辦法從頭再來的。做生意就是戰爭，商場就是戰場。

在商場上經營不利，可以認輸，宣布倒閉，重新開業。但是本錢輸完了，生意怎麼做下去呢？輸了一次又一次，最後連一台貨車都輸掉了，誰批貨給你？你的信用喪失殆盡，到處碰壁，豈不是只有死路一條嗎？

因此，做生意一定要有不論碰到什麼困境，都要有咬緊牙關、堅守崗位、衝破難關的勇氣和毅力。擱置赤字，重新設立公司，這是合法的，也是合理的，但是沒有信用。任何人都會想：「這一次恐怕又要倒閉了吧。」這樣生意就難做了。做生意多多少少也要有種與商店共存亡的決心。所謂百年老店就是憑著這種「死守」的決心才能延續下來。而薪水階級最缺乏這種決心。

當然，不是說做生意不能轉向，生意的特點就在於其轉向靈活上，但轉向的良好時機是在賺錢的時候。在這個時機上轉業、移店，那麼原來的信用都可以運用，如果錯失了這個良機，那麼輕言轉業、移店，就會弄得一敗塗地。

識時務的人

商場有金言：但知勝而不知敗者，將一敗塗地。

一生事業都一帆風順，到壽終正寢沒有嘗過失敗的滋味，實在太好了。無奈這種事情只有夢裡才有。人生不如意事常八九，可以大膽地斷言，每一位成功者或多或少都嘗過或大或小的失敗。所謂禍福相倚，成功與失敗，幾乎是一體之兩面，不可分割。

但是，失敗並不是上帝的安排，而是有原因的。失敗或者由於對經營原理無知，犯下了錯誤；或者由於時運不濟，整個國家、整個城市、整條商店街的經濟情勢改變，無法逃避，因此陷於衰落。前者或許是可以補救的，但是後者就像洪水、地震、火山，幾乎無法避免。遇到像後者那樣的「天災」，該採取什麼態度呢？以不變應萬變，堅守崗位，死守城池，死而無悔嗎？這樣的節操的確感人。但是做生意並不需要這種英雄氣概，不需要美麗的讚辭。死守城池的做法，與其說是英雄，不如說是莽漢。

當你明知戰況極度不利，危機四伏，四面楚歌，將損兵折將，死傷慘重，試問你要與生意共生死呢，還是三十六計走爲上策？君子不能吃眼前虧，識時務者爲俊傑，還要以停業爲上。

雖說商場如戰場，但是做生意是爲了利，爲了全家人的生活而奮戰，絕沒有與商店共存亡的道理。看情勢不對，就應該棄守這沒希望的生意，另謀發展。在戰場上可以爲了國家而犧牲個人生命，爲了全軍的存亡而死守崗位；在球場上也有爲了隊友得分更多而做出犧牲的。但是在商場上，撇開企業間互相支援的特例不說，開店就是爲了生活，一失敗就全家餓肚子，誰也得不到利益。

勝敗乃兵家常事，但是敗軍之將不言勇，只有在一敗塗地之前，轉移陣地，另起爐灶，才能表現出兵家的智慧。因此，只有進而不知退，只知安而不知危的人是危險的。只有居安思危，以退爲進的人才是眞正的常勝將軍。

拿破崙不是曾豪言他的字典裡沒有「難」字嗎？然而滑鐵盧一戰不是一敗塗地嗎？這眞是應了先賢的那句話：「但知勝而不知敗者，將一敗塗地。」

就像開車一樣，隨時要注意交通信號，注意路面安全，隨時準備刹車。開店應隨時檢查營業，甚至隨時準備關門大吉。總之，隨時應變，趨吉避凶。

嗅覺敏銳的人

李嘉誠指出，精明的商人只有嗅覺敏銳才能將商業情報作用發揮到極致，那種感覺遲鈍、閉門自鎖的公司老闆常常會無所作爲。

李嘉誠認爲，預謀制勝兵法在今天的人們使用起來應該更爲容易和方便，因爲現代科技使得資訊的傳達非常迅速，人們能夠很快地掌握最新的事件和新聞，所以，採取預謀制勝把握更大。

在商業競爭中，日本人正是憑著嗅覺敏銳的長處，以預謀制勝之術而成爲商業強國的。

二十世紀八十年代初，美國大地捲起了一股可怕的「黑旋風」——愛滋病！任何藥物都阻止不了性接觸後可能帶來的恐怖後果——死神的光臨。既想保持開放的性觀念又怕見上帝的美國人後來發現，有一種小玩意能夠有效地抵擋死神的進襲，那就是——保險套。而當時，由於美國國內曾長期沒有大量生產保險套，現在市場需求突然猛增，數量有限的保險套一時無法滿足市場需求。

遠在東半球的這一邊，兩位嗅覺敏銳的日本商人立即發現了那座「金山」，立即在最短的時間內，開動本公司的機器，加班趕工生產成箱成箱的橡膠避孕套，並火速送進了美國市場。一時之間，美國眾多的代銷店門庭若市，熙熙攘攘，兩億多個避孕套很快銷售一空。

二十世紀五〇年代初，李嘉誠在銷售過程中特別注重黃金般的資訊回饋，他從各種管道得知，歐洲人最喜歡塑膠花。在北歐、南歐，人們喜歡用它裝飾庭院和房間，在美洲，連汽車上或工作場所也往往擺上一束塑膠花，而在前蘇聯，掃墓時用它獻給亡者，表示生命早已結束，但留下的思想和精神是長青的。於是，從五〇年代末起，李嘉誠生產的塑膠花便大量地銷往歐美市場，獲得海外廠商一片讚譽，一時間大批訂單從四面八方飛來，年利潤也從三五萬上升到一千多萬港元，直至一九六四年，塑膠花市場一直旺盛不衰。從此，李嘉誠得出一個重要的投資祕訣：不論做什麼生意，必先了解市場的需求預謀制勝，只有不斷充實自己，才能追上瞬息萬變的社會。他之所以獲得巨大的成功，這一重要謀略功不可沒。

有敬業精神的人

伊索寓言裡有一則家喻戶曉的故事，就是龜兔賽跑。誰都知道兔子是腳步很快的飛毛腿，再怎麼樣烏龜都不可能是牠的對手。因此兔子非常輕敵，想要一耍

烏龜，便說：「睡一覺再說吧。」就在路旁的樹下睡著了。它想：睡一覺起來還可以趕上烏龜的。不料兔子睡熟了，終於被烏龜遠遠地拋在後面，兔子竟然陰溝裡翻船，輸了！做生意不能像兔子一樣，一暴十寒，只想賺大錢，看到小錢就不想賺，睡大覺去了。如此這樣，能力再怎麼強都不可以成功的。

既然做生意了，不管店面多小，都是生意，不要自卑，只要抱著一心一意為顧客服務的精神，必定可以贏得顧客的歡心，生意蒸蒸日上。

兔子因為沒把烏龜當對手所以才會輕敵，去睡大覺，如果把烏龜當作對手，比賽全力以赴，不是早就刷新紀錄了？屆時再來睡大覺也不遲呀！有兔子的能力，如果再加上烏龜的敬業精神，相信無論做什麼生意都可以創新紀錄的。

當然，人生是個漫長的賽程，沒有起點也沒有終點，你什麼時候起步，那便是起點，什麼時候倒下來，那便是終點。人生也沒有勝，沒有負，誰能克服自卑感，誰能培養出敬業精神，誰便是勝利者。

面帶喜相的人

你有沒有留意到，在這個緊張異常的商業社會裡，人們習慣於緊張，終日在緊張中生活，他們的臉孔，在不知不覺中抽緊了，顯得死板板的，毫無生氣！臉孔是心情的鏡子，心情舒坦，臉孔就應該鬆弛，顯出自然的微笑！

越是成功的人物，他們越是注意微笑的連鎖反應。微笑是一種奇怪的電波，它會使別人在不知不覺中同意你，你的成功與失敗，跟微笑有很大的關係哩！

知道嗎？美國鋼鐵大王安德魯．卡內基常用微笑來征服他的對手。

在一次盛大的宴會上，一個平日對卡內基很有偏見的鋼鐵商人，背地裡大肆抨擊卡內基，並搬出了卡內基全部的缺點，一一加以攻擊。當卡內基到達而且站在人叢中聽他高談闊論時，他還不知道，仍舊滔滔不絕地數說著。宴會的主人相當尷尬，生怕卡內基忍耐不住，當面加以指責，使這個歡樂的宴會成爲舌戰的陣地！可是卡內基很安詳地站著，臉上始終掛著微笑，當那抨擊他的人發覺他站在那裡時，一下子顯得非常難堪，滿面通紅地閉上了嘴，想從人叢中溜走。卡內基臉上卻仍然堆著笑容，走上前去親熱地跟他握手，如同沒有聽到他在說自己的壞話一般。那個攻擊他的人臉上一陣紅一陣白，尷尬異常。卡內基趕忙笑容滿面地遞上一杯酒給他，使他借著喝酒掩飾他的窘態。

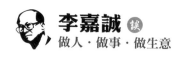

第二天，那個攻擊卡內基的人親自登上卡內基的家門，再三向他道歉。從此，他變成卡內基的好朋友，常常稱讚卡內基，說他是個了不起的大人物。卡內基的朋友，都覺得卡內基的笑容永遠是那麼和藹，那麼安詳！

著名心理學家亞德洛也是個善於微笑的人。他有這樣一個習慣：每天起床，他總是對著陽台上的花草，張大嘴巴大打哈欠。他的嘴巴張得很大，常常張得兩邊頰骨「喀咯」一聲才肯甘休。這樣，他的臉皮就顯得鬆弛，使人家覺得他永遠像微笑著似的。

有一次，他在美國中部一所大學演講，這兒的學生一向以頑皮著稱，有不少學者在這兒吃過虧。當他到那所大學演講時，那些學生本來就存心跟他過不去，準備使他下不了台，但當學生們看到他臉上的笑容時，心裡便有了好感，等到他演講完畢，還熱烈地爲他鼓掌捧場。一位學生領著他出場時，告訴他：「亞德洛先生，你的微笑把我們征服了。不然的話，你會像其他人那樣抱頭鼠竄的。」

英國首相邱吉爾更是善於利用臉上的笑容。他的臉孔總是顯出一種自然的微笑，特別是他在吸雪茄時，那種笑容更爲可掬。有人形容邱吉爾的笑容時這樣說：「邱吉爾的笑容是一種武器，使對方無法捉摸他的思想，使對手在迷茫的情況下成了他的俘虜！」

這就是微笑的作用，也可以說是微笑的連鎖反應。當然你只學會了微笑還不夠，還要研究微笑的連鎖反應。下面幾個原則，僅供你在研究微笑連鎖反應中作參考：

1、仔細地、客觀地聽聽你的朋友對你的意見。

2、不妨在一兩個朋友的面前試用卡內基的微笑策略，看看反應。

3、不妨學學邱吉爾的榜樣，在臉上終日掛上微笑，這樣，再留心觀察一下別人的反應。

當然，這種學習是要細心去體會的。

朋友，請注意你面部的笑容。要是你面上堆著笑容，人們會覺得你容易相處，敢於對你說出心中的話，敢於對你說出新的建議，敢於批評你在生活中或工作中的過失。這樣，你才能獲得進步，才能獲得更大的財富。

能分清輕重緩急的人

很多人也許不知道，一公升的糙米碾過以後，會消耗掉百分之五的份量，剩下的才是精純的白米。

但是因爲從前的碾米機比較粗糙，所以白米裡面常常會夾雜著一些碎米糠。如果你太在乎這些碎米糠，想將它們全部挑出來的話，就一定要花掉很多很多的時間和精力，這樣的話，你就沒辦法繼續做別的工作，反而得不償失，還不如不要去管它們——把摻了很多米糠的白米賤價賣出。

其實不管你做任何一件事，都一樣會碰到這樣的問題。當你做事業的時候，必定會有像米糠一樣的瑕疵。如，收不回來的呆帳、員工的缺點、客戶的信用不好等等的問題。

其中，貨款收不到，的確會對公司的營運造成一些影響。但是，如果呆帳的數目很少，卻要動用全公司的員工去追討，這樣反而是得不償失的。

因爲，員工們可能會害怕呆帳一再發生，就變得格外小心，不敢積極去推銷貨品。而這時候，老闆也會把所有的心思放在怎樣去解決這筆呆帳的問題上，就沒有多餘的精力再把其他更重要的事情做好了。

核對帳目也是這樣。如果總公司發現分公司的發票中有一、二十元的誤差，結果就花了好幾天的時間打長途電話核對，到最後不但把兩邊的員工都搞得暈頭轉向，而且花的長途電話費也一定不止一、二十元。浪費這些人力、時間和電話費，不是很不值得嗎？這一、二十元不就像碎米糠一樣嗎？幹嘛去管它呢？

人常常就是這樣，會因爲太拘泥於小事，而壞了大局。像核對帳目有小誤差的時候，用一個適當的科目去把它沖掉不就好了嗎？把時間花在其他更重要的工作上才是聰明人的做法。

還有，僱用員工也是同樣的道理。其實每個人都有缺點，只要缺點不大，不會帶給公司不良的影響，應該都是可以容忍的。如果太在意這些小毛病，不但會顯得自己的度量很狹小，而且無法培育出有潛力的人才，員工也不會積極爲你賣力工作，這樣的損失就太大了。

曾有一位名人在接受記者訪問的時候說：「治國的要領，就像你用圓形的勺子，在方形的盒子裡挖豆花一樣。」

有人就反問：「這樣不就沒有辦法把角落裡的豆花挖乾淨了嗎？」

他說：「對，沒錯，但是你治理一個大國的時候，就必須要犧牲一些東西，否則，如果你每一樣事都想把它做到盡善盡美，到最後反而什麼事都做不好！」

所以，如果你想成爲大人物，就得不在乎米糠，把精力放在最重要的事情上才會有成就。

能管住自己嘴巴的人

「不輕露口風」在商場上是極重要的大事。生意人在外面跟人談生意，最忌諱的就是說話時嘴邊沒有守門的，什麼都說。古代早就有「逢人只說三分話，未可全拋一片心」。戰國時期的著名思想家韓非子更是在〈說難〉一文中指出：「周澤未濟，而語之極，如此者身危。」

很多人總覺得只要自己光明磊落，便凡事無不可對人言，但假如對方是個根本不可以言盡的小人時，你的三分話已經顯得太多了。在生意場上如果彼此間的關係一般，你卻跟人家談得很深，這就顯示你自己沒有知人之明。若是你的話題涉及對方本人，但他與你根本就不熟悉，你卻硬跟別人說一些純屬私人的事情，就顯得唐突冒昧。再說，如果談話本身涉及商業機密，因爲你一時的「暢所欲言」，便將自己的底牌一股腦地兜售給對方，豈不是太過愚蠢了嗎？實際上，在生意場上，與一般的客戶交談，三分話已經是太多了。

另外，任何人都有自己不願讓人知道的隱私，因此在談話時千萬不要追根問底、探聽別人的隱私，這是生意人最忌諱的事。雖說好奇心人皆有之，但此時最好還是將你的好奇心收斂一下。

生意人在與客戶談判時必須注意，即使是一個很好的話題，說時也要適可而止，不可拖延下去，否則會令人疲倦。說完一個話題之後，若不能讓對方發言，而必須仍由你主持局面時，就要另找新鮮話題，如此才能把對方的興趣維持下去。在談話當中，對方的發言機會爲你所操縱，你必須時常找機會誘導對方說話，像說到某一件事時可徵求他對該事的看法，或在某種情形時請他講述自己的經驗等，務必使對方不致呆聽，才不失爲一個善於說話的人。話題轉了兩三次，而對方仍無將發言機會接過去的意思，或沒有作主動發言的表示時，你應該設法把這個談話結束。即使你精神還好，也應讓別人休息休息了。

因此，與生意夥伴交往應酬時，假如人家根本就沒有談興，你一定要知趣地及時刹車。即使在所談的三分話裡，也要注意回避自己的商業機密，最好只談一些風花雪月、天候氣象及時事政治之類的一般性話題，雖然言之無物，卻不妨談得趣味橫生、逗樂多多，既消磨了時間，又加深了感情，何樂而不爲呢？

李嘉誠金言：精明的商家可以將商業意識滲透到生活的每一件事中去，甚至是一舉手一投足。充滿商業細胞的商人，賺錢可以是無處不在、無時不在。

不輕易張揚個性的人

年輕人可能都認爲個性很重要。他們最喜歡談的就是張揚個性。他們最喜歡引用的格言是：走自己的路，讓別人去說吧！

時下的種種媒體如圖書、雜誌、電視、網路等也都在宣揚個性的重要性。我們可以看到許多名人都有非常突出的個性。不管他是一個科學家，還是一個藝術家或者軍事家。愛因斯坦在日常生活中非常不拘小節，巴頓將軍性格極其粗野，畫家梵谷是一個缺少理性、充滿了藝術妄想的人。

名人因爲有突出的成就，所以他們許多怪異的行爲往往被社會廣爲宣傳，有些人甚至產生這樣的錯覺：怪異的行爲正是名人和天才人物的標誌，是其成功的祕訣。我們只要分析一下，就會發現這種想法是十分荒謬的。

名人確實有突出的個性，但他們的這種個性往往表現在創造性的才華和能力之中。正是他們的成就和才華，使他們的特殊個性得到了社會的肯定。若是一般人，一個沒有多少本領的人，他們的那些特殊行爲可能只會得到別人的嘲笑。

年輕人爲什麼那麼喜歡談個性，那麼喜歡張揚個性呢？我們先探討一下年輕人所張揚的個性其具體內容是什麼。

他們張揚的個性相當一部分是一種習氣，是一種希望自己能任性而爲所欲爲的願望。年輕人有許多情緒，他們希望暢快地發洩自己的情緒。他們不希望把自己的行爲束縛在複雜的條條框框中，所以年輕人喜歡張揚個性。

張揚個性肯定要比壓抑個性舒服。但是如果張揚個性僅僅是一種任性，僅僅是一種意氣用事，甚至是對自己的缺陷和陋習的一種放縱的話，那麼，這樣的張揚個性對你的前途肯定是沒有好處的。

年輕人非常喜歡引用但丁的一句名言：「走自己的路，讓別人去說吧！」但作爲一個社會中的人，我們眞的能這麼「灑脫」嗎？比如你走在路上，如果僅僅走自己的路而不注意交通規則的話，警察就會來干涉你，會罰你的款。如果你走路不注意安全，橫衝直撞的話，還有可能出車禍。所以「走自己的路，讓別人去說吧！」這種態度在現實生活中是不大行得通的。

社會是一個由無數個體組成的人群，我們每個人的生存空間並不很大。所以當你想伸展四肢舒服一下的時候，必須注意不要碰到別人。當我們張揚個性的時候，必須考慮到我們張揚的是什麼，必須注意到別人的接受程度。如果你的這種個性是一種非常明顯的缺點，你最好的選擇還是把它改掉，而不是去張揚它。

我們必須注意：不要使張揚個性成爲我們縱容自己缺點的一種漂亮的藉口。社會需要我們創造價值，社會首先關注的是我們的工作品質是否有利於創造價值。個性也不例外，只有當你的個性有利於創造價值，是一種生產型的個性，你的個性才能被社會接受。

巴頓將軍性格粗暴，他之所以能被周圍的人接受，原因是他是一個優秀的將軍，他能打仗，否則他也會因爲性格的粗暴而遭到社會的排斥。所以我們應該明白：社會需要的是生產型的個性，只有你的個性能融合到創造性的才華和能力之中，你的個性才能夠被社會接受，如果你的個性沒有表現爲一種才能，僅僅表現爲一種脾氣，它往往只能給你帶來不好的結果。

你要想成就一番事業，應該把個性表現在創造性的才能中，盡可能與周圍的人協調一些，這是一種成熟、明智的選擇。

有頭腦但不依賴創意的人

經商需要點子，但生意場絕對不是創意者的天下。發財致富的生意人靠的往往也不是創意。在生意場上，點子猶如一把雙刃劍，它的正面，也許能促使你在生意場上光芒四射，飛黃騰達，這樣的例子比比皆是；而它的負面，則不但不能助你在商道中開闢出一條光明大道，相反，只能使你握劍的雙手鮮血直流。

爲什麼這樣，道理很簡單：點子不等於生意。點子產生於人腦中，主觀性較強；而商道則產生於現實中，客觀性較強。這樣，它們之間不免會產生矛盾。

生意人要精確計算的商業元素，其中十分重要的一項，是時機。時機過了，最好的東西、最具創意的東西，也是廢物，除非，時機會重來。

創意，如果能夠納入商業元素或增強商業元素，便一拍即合。否則，生意人便摒諸門外，不會多看一眼。

看來，生意人不是不需要創意，而是因爲時機的欠缺。生意人與其說在尋找最佳創意，還不如說在捕捉和創造著最佳時機。這最佳時機，是由生意人確定的。他們看的，是產品的賺錢空間。既然這一代產品的賺錢空間還不少，便不必推出新一代，更不用說推出更新的一代了。生意人這樣做，會不會窒息了創意，妨礙了社會的發展呢？生意人認為，這不是他們應該考慮的問題。

機智靈活的人

在各種經營活動中，機智是一筆大資產。

一個著名的商人把機智列為自己成功的第一要素，他認為自己成功的另外三個條件是熱忱、商業常識和衣飾整潔。

由於人們缺乏機智，不能隨機應變而造成的錯誤與損失不知道有多少。有好多人因為缺少機智，糟蹋了自己的才能，或是運用自己的才能時不得其法。還有許多情況，由於缺乏機智，以致傷害了朋友的感情；由於缺乏機智，商家失去了他們的顧客；由於缺乏機智，律師減少了他們的業務；由於缺乏機智，作家得不到讀者的支持；由於缺乏機智，牧師引不起信徒的注意；由於缺乏機智，教師失去了學生的信賴；也是由於缺乏機智，政治家失卻了民眾的擁護。

一個人即使才高八斗，如果他缺少足夠的機智，不能隨機應變、權衡利弊，不能在恰當的時候說適當的話，做得當的事，那麼他就不能最有效率地運用自己的才能。

「一個有機智的人，不但能利用他所知道的東西，並能善於利用他所不知道的東西，他還能用巧妙的方法來掩飾他無知愚拙的一面，這樣的人往往更易得到別人的信賴與欽佩。」

一般人之所以缺乏機智，一則是由於他們不識時務；二則是由於思慮不敏銳。

有一個女子從鄉下朋友家做客回去以後，給招待她的朋友寫了一封信，對她的熱情款待表示感謝。在信中，她說回到自己家裡後感覺很好，不過在府上被蚊蟲咬時甚感痛苦，而回到自己舒適的臥室深覺愉快。這個女子想表示感激之意，但在無意中寫成了一封不客氣的信，毫無疑問，這是因爲她機智不足。

機智的人善於交際，能迎合別人的心理。這種人初次與人會面，就能找出對方感興趣的話題，提出來以作爲話題。他們不會過多談論關於自己的事情，因爲他們深知，對方最感興趣的莫過於他們自身的事情和希望。而不機智的人就不是這樣，他們只喜歡談及自己感興趣的事情，常常不顧及他人的感受。於是，這樣的人便常爲朋友們所不喜歡。

機智的人即便對於不感興趣的事，也不會輕易在表面上顯露。而那些有怪癖的人，往往最容易得罪他人，這種人如果要加入一個團體，也一定不爲大眾所歡迎，不是受到冷遇，便是自討沒趣。

機智的人，對於一切事情都能隨機應變、處置得當，這樣的人才能利用適當的機會，發揮自身的潛能。那麼，如何培養機智呢？一個作家曾經巧妙地寫到：

「對於人類的天生性情，比如恐懼、弱點、希望及種種傾向，都要表示同情。」

「對於任何事情，都要設身處地地思考。在考慮事情的時候，要顧慮到他人的利益。」

「表示反對意見的時候，不應該傷害到他人。」

「對於事情的好壞，要有迅速的辨別力。必要之時，作必要的讓步。」

「切勿固執己見，你要記住，你的意見只是千萬種意見中的一種。」

「要有眞摯仁慈的態度，這種態度，能夠化敵爲友。」

「無論怎樣難堪的事，要樂意承受。」

「最重要的便是有溫和、快樂和誠懇的態度。」

> 李嘉誠金言：世界上並非每一件事情都是金錢可以解決的，但是確實有很多事情需要金錢才能解決。

十種不受歡迎的老闆

據有關資料介紹，下列十種老闆不受歡迎。

1、沒有成功經驗的老闆

如果一位老闆在商場闖蕩多年，經營的企業少說也有三五家以上，但卻沒有一次成功的經驗，想必他有某些重大缺點，從而使壞運氣都落在他一個人身上。

2、事必躬親的老闆

這種老闆不管事情大小，都要親自過問和參加。「每件事我不經手就一定會出錯」，這是這類人經常引以爲豪的一句話。事實上，無法獨立的下屬出錯的可能性更大。此外，事必躬親的老闆也無法留住眞正的人才，因爲有創意、有能力的人絕不對人唯唯諾諾，唯命是從。

3、魚和熊掌都想兼得的老闆

這種老闆不知何所取、何所捨。不懂得有所得，必有所失。抓雞又不願蝕把米，結果只能是兩手空空。知所取、知所捨是成功老闆必備的條件。

4、朝令夕改的老闆

這種人有積極性，但缺乏耐心，缺乏韌性。剛剛制定的方案，在實行三天之後就將之取消。更令人沮喪的是，根據他的指示而做成的計畫，也往往石沉大海，難以堅持。你會發現，企業是上上下下都在忙著收拾殘局，忙著挖東牆補西牆。

5、喜新厭舊的老闆

這種人不能客觀地評價員工的績效。即使你做好九十九件事，但第一百件事你搞砸了，你就很難在他面前再有翻身的機會，除非你保證，你的工作成績永遠令他滿意，否則應隨時做好被開除的心理準備。

6、感情生活複雜的老闆

這類人將寶貴的時間耗費在感情糾紛的處理上，當然無法冷靜地經營企業。

7、言行不一的老闆

這類人最常說的一句話是：「賺這麼多錢對我並沒什麼意思。」企業最主要的任務之一就是追求利潤，又何必刻意加以否認呢？

8、喜歡甜言蜜語的老闆

這類人通常分不清善意的批評和惡意的攻擊，更分不清真心的讚美和別有用心的諂媚。我們不能期望老闆聽到批評時能心花怒放，但若是善意的批評妨礙了員工在企業的發展，則人人會噤若寒蟬。長此下去，除非老闆能發現問題，否則企業的經營將永遠不能獲得改善。更重要的是，這種環境具有反淘汰的作用。小人當道，正直的員工不受重用，固守原則的員工則一心離去。

9、多疑的老闆

通常這類人都有慘痛的經驗，一朝被蛇咬，終生見繩驚。這種人疑心沉重，不相信任何人。跟隨這種老闆，心理負擔過於沉重。

10、心胸狹窄的老闆

如果你是一位老闆，現在正看本文，而且已經怒火中燒了，那你就屬於心胸狹窄的老闆。心胸狹窄的老闆手下難出大將之才，因爲他眼中容不下才能超越自己的屬下。

第三章　成功需要自我修練

知識能決定商人的命運

對於超人李嘉誠的成功，人們總是在問：「他靠的是什麼？」李嘉誠擁有巨大的商業王國，如何掌控和管理這個王國？如何推動這個王國持久前進？對於這個管理學上的尖銳問題，李嘉誠一句話：依靠知識。他毫不猶豫地告訴年輕人：知識決定命運。「知識」在他心目中所占地位由此可見一斑。

李嘉誠每天晚上睡覺之前都要看書，有人問他前一夜看的是什麼書，他回答，我昨天晚上看的是關於資訊科技前景研究的書，我相信這個行業發展會非常快，未來兩三年裡，電影、電視都可以在小小的手機中顯示出來，我比較喜歡科技、歷史和哲學類的書籍，最近對網路資訊也比較感興趣。但是好讀書的李嘉誠表示，自己從來不看小說，娛樂新聞也從來不領略。這是因爲他從小就要爭分奪秒搶學問。李嘉誠說：我年輕時沒有錢和時間讀書，幾個月才理一次髮，要搶學問，只能買舊書，買老師教學生用過的舊書，長大了也沒有時間去看言情小說、武俠小說，不過，我是喜歡歷史的，小時候讀書歷史都拿高分。

李嘉誠說：在知識經濟的時代裡，如果你有資金，但是缺乏知識，沒有最新的訊息，無論何種行業，你越拚搏，失敗的可能性越大，但是你有知識，沒有資金的話，小小的付出就能夠有回報，並且很可能達到成功。現在跟數十年前相比，知識和資金在通往成功路上所起的作用完全不同。李嘉誠強調：知識不僅包括課本內容，更包括社會經驗、文明文化、時代精神等整體要素。

李嘉誠金言：終身追求扎實的知識根基、比別人更努力進取、付出更多是基本原則，要非凡出色，你必須培養及堅持獨立的探索及發現精神。

在極盛時期洞悉危機所在

李嘉誠的過人之處，是他總可以在一項業務的極盛時期洞悉其危機所在，然後迅速作出新的部署和嘗試。現在看來，讀書不多的李嘉誠之所以能學得這樣一套經商的高超技巧，除了其在工作中的留心觀察以外，更重要的是他善於學習一切先進的知識和理論。這一點早在他童年時就已經十分明顯了。一九四〇年，李嘉誠隨父母爲避戰亂來到了香港，爲解決廣州話和英語的障礙，他以表妹、表弟爲師，勤學苦練，很快就能講一口流利的廣州話。特別是學英語，也簡直是到了走火入魔的地步，一到夜深人靜，他便獨自跑到路燈下讀英語。

一九四二年，李嘉誠十四歲，父親因病去世，家境的貧窮使他過早地走向社會。爲生存下去，李嘉誠與母親一起挨家挨鋪地找工作，但卻沒有著落，母子倆拖著滿是血泡的雙腳回到家中。終於，經過艱辛尋找，李嘉誠進入一間茶樓做跑堂，每天他都是第一個趕到茶樓。他每天都把鬧鐘調快十分鐘，每天工作十五小時以上。即便在那樣惡劣的環境下，李嘉誠仍然利用短暫的空閒默讀英語單字。

正是靠了這樣一種學習精神，當年他生產塑膠花的時候，塑膠花行業正大行其道，大有帶動香港工業起飛之勢。然而李嘉誠卻看到了這個行業的前途有限，於是轉向房地產發展，全力拓展房地產市場，並在緊接著而來的房地產高潮中獲得可觀的回報。

那時的李嘉誠，已經成爲香港炙手可熱的富豪級人物，但他並沒有安於現狀，而是在香港房地產最高峰時看到了這個行業的危機。一九九七年，他開始不斷出售手上的物業，努力開拓新的業務領域。他把資金分投於電信、基礎建設、服務、零售等多個領域，使集團避過了金融風暴中樓價大跌的重大打擊。

在後來的幾年中，李嘉誠調撥更多的資金發展高科技專案和電信業務。同時，和記黃埔在海外的投資，比如加拿大的石油、英國的貨櫃和巴拿馬運河港口等，也正一步步發展起來，這樣的投資技巧完全是李嘉誠依據自己對全球經濟的走向以及各行業興衰的基本趨勢而做出的。

有則寓言，講兩個在海邊釣魚的孩子，一個買了漁船出海，歷經千辛萬苦創下富可敵國的產業；另一個卻一直留在海邊釣魚，過著知足溫飽的生活。幾十年後，白髮蒼蒼的富翁和漁夫又在海邊一起釣魚，漁夫忍不住問富翁：「你得到了那麼多財富又有什麼用呢，現在還不是和我一樣在這裡釣魚。」

表面看來，漁夫和富翁的結局是一樣的，然而因爲經歷的不同，他們對人生的感悟，他們所得到的和所能理解的人生就已經完全不一樣了。李嘉誠在數十年的經營過程中，一方面不斷地調轉經營企業的船頭；另一方面又不斷地使自己的航船變得更加龐大和結實。正是依據這兩點才能在巨大的金融危機的浪潮中立於不敗之地。

處安勿躁

人如果心浮氣躁，靜不下心來做事，不僅一事無成，反而會鑄成大錯。一個人必須修身養性，培養自己的浩然之氣、容人之量，保持自己的高遠志向。同時要抑制急躁的脾氣、暴躁的性格。做事要戒急躁，人一急躁則必然心浮，心浮就無法深入到事物的內部去仔細研究和探討事物發展的規律，當然也無法認清事物的本質。氣躁心浮，辦事不穩，差錯自然會多。

不少人辦事都想一揮而就，他們不明白做什麼事情都有一定的規律，都得按一定的步驟行事，欲速則不達。

傳統文化的精要就在於以靜制動，處安勿躁。浮躁會帶來很多危害。想有所作爲，而又不能馬上成功，會產生急躁情緒。本想把事情辦得很好，誰知忽然節外生枝，一時又無法處理，必然生出急躁之心。因爲他人的過錯，給自己造成了一定的麻煩，心氣不順，也會產生急躁。望子成龍，盼女成鳳，天下父母之心皆然，但偏偏兒女不爭氣，心中也同樣急躁。受到別人的責難、批評，又無法解釋清楚，心中也會產生急躁的情緒。無論是哪一種情況產生的急躁，其實對人對己都沒有好處。浮躁之氣生於心，行動起來就會態度簡單粗暴、徒具匹夫之勇，這樣不是太糊塗了嗎？

輕浮、急躁，對什麼事都深入不下去，只知其一，不究其二，往往會給工作、事業帶來損失。戒急躁就是要求我們遇事沉著、冷靜，多分析思考，然後再行動。如果站在這山看著那山高，做什麼都做不穩，最後將毫無所獲。

天下成大事業者，無不是專一而行，專心而攻。博大自然不錯，精深才能成事。只有精深，才能在某一個領域中成爲專門人才，其前提是必須克服浮躁的毛病。無論辦什麼事都不可能毫不費力就取得成功，急於求成，只能是害了自己。忍浮躁確實不容易，要有頑強的毅力，才能做到這一點，但只要有決心、有信心，胸中有個遠大的目標，小小的浮躁又有什麼不能忍的呢！

要在社會上安身立命，如果太輕易暴露自己的情感就容易受到傷害。人應該學會保護自己。不同的人對人對事的態度會不同，掌握一定權力的人，把自己的喜怒經常流露給下級，下級則會投其所好，而掩蓋事物眞正的本質。普通人過於直率地表露自己的情感，則顯得膚淺，也容易開罪於人。所以要忍耐住自己的情緒，不要過多地暴露出來。

向樂觀積極的人學習

樂觀主義與悲觀主義，兩者正好具備了相反的優點與缺點。樂觀的人在行動上比較積極，但往往低估了實際上的困難，所以有時會在成功的路上碰到意外；相反的，悲觀的人過於慎重，容易錯失良機。總之，將兩者適度混合，就能達到理想境界。

實際上，樂觀主義與悲觀主義不僅對未來的看法截然不同，對自己與他人也採取不同的態度。

如前所述，悲觀的人對未來持否定的看法。他對任何事情總是作最壞的預測，在觀察人的時候，他總是看到人本質惡劣的一面、滿肚子自私自利的動機。對悲觀的人而言，社會是由一群狡猾、頹廢而邪惡的人組成，他們總是想利用周遭的事物爲自己牟利。這群人既無法信賴，也不值得對其伸出援手。

對悲觀的人談起任何計畫，他馬上就會提出一連串有關這個計畫的麻煩與障礙。而且他還會告訴你，即使圓滿達到目的，最後只會嘗到苦澀、幻滅與屈辱。

悲觀的人擁有近乎異常的傳染力。如果某天早晨，偶然在路上碰到他，他會立即將消極的態度與無力感傳染給你。我們每個人的內心都有一種期待被喚醒、引誘的「傾向」。悲觀的人能夠巧妙地擄獲這種「傾向」，借此實現其目的。

我們內心的「傾向」包括：第一，對未來的不定與恐懼；第二，我們與生俱來的怠惰，希望躲在自己的殼裡不要動。事實上悲觀者的本質就是怠惰。他不願努力適應新的事物，也不願改變習慣。無論起床、用餐，以及度週末的方式，都要依照固定的模式進行。

一般而言，悲觀者是吝嗇的。他認爲既然每個人都那麼貪婪、墮落，而且千方百計想占人便宜，自己又爲什麼必須寬以待人呢？他常常深懷嫉妒，這個只要聽他說話就知道了。

相比之下，樂觀者單純、樸實多了。他容易信賴別人，也願意涉入險境。但他也能察覺別人的惡意或缺點，只是他不願將之視爲障礙而猶豫不前。他相信每個人都有優點，並努力喚醒別人的優點。

悲觀者躲在自己的殼裡面，甚至不願聽取別人的意見，認爲別人都具有危險性。相反的，樂觀者關心別人，讓別人暢所欲言，給別人時間，觀察對方的所作所爲。如此便能夠了解每個人的長處、優點，因而得以團結、領導眾人，共同朝某個目標邁進。卓越的組織者、優秀的企業家，都必須具備這種特質。

此外，樂觀者也比較容易克服困難。因爲他會積極尋找新的解決問題的方法，在很短的時間內就把不利的條件轉變成有利的條件。悲觀者則會因爲一下子就看到困難而心生畏懼、退縮不前。其實在很多情況下，只需要一點想像力，情況就會完全改觀。

訓練競爭能力

1、在工作中磨練自己

「不進步，就退步」。一個人各方面能力的磨練，都可以做如是觀。商人在工作上所受到的磨練往往是多方面的，所以他們常識的豐富，遠非一般從事專門工作者可比。如今一般畢業生，多半投入商業，雖然用非所學，他們卻在工作中得到磨練。

2、適時抓住機會

經營商業，在一百年以前，被認爲是不高尚的事，但時至今日，跟著世界文明的進步，各國的商業都已呈突飛猛進之勢，其地位之重要，已占全部行業的第一把交椅。

要從事商業，一個知識廣博、經驗豐富的人，遠比那些庸庸碌碌的人容易獲得機會。當然，在事業經營之前，能夠準備得越充足越好，經驗積蓄得越多越好。一個初入社會的青年，當他的地位逐漸升遷時，他一定有不少機會，可以從各方面學得一件事情的精髓。如果他能抓住這些寶貴的機會，他遲早必會獲得成功。有位商業界的前輩說：「我的職員，沒有一個不是從最基層依次升遷的。俗語說『有益於職務，就是有益於自己』。任何青年，如能在開始服務時就記住這句話，他的前途一定是充滿希望的。凡經我們考試及格而任用的青年，只要自己肯上進，都不難逐步獲得良好的位置。」

3、不能淺嘗輒止

一個熟悉商情、經驗豐富的青年，在商業界裡，無處不可立足。那些企業家隨時都在向各處訪求勤勉刻苦、敏捷伶俐、意志堅強的青年。因爲這種人，一旦到手，必千方百計地求得完美，求得發展，求得成功。

一個初出茅廬的年輕人，對於商業情形，必須隨時體察，處處注意，必須研究得十分透澈才好。千萬不可粗忽疏失，學得一知半解就罷手。須知雖小至微塵，也應仔細觀察，雖千辛萬苦，也應努力經營，這樣一來，一切中途的障礙，無不可以一掃而盡。

4、要有不畏險的勇氣

我們隨處可以看見許多青年人，做起事來，都喜歡避繁就簡，對於其中麻煩、困難、乏味的部分，隨意趨避，不願接觸。好像那些打算占領敵人陣地的士兵，卻不願麻煩手腳去破壞敵人的炮台，結果，必然被敵人轟得東躲西竄、無處安身。所以一個希望獲得成功的人，必須不分巨細，悉數決心征服，不畏艱險，勇往直前去做才行。

這裡有一句很好的格言，可以寫在無數可憐的失敗者的墓碑上：「只因沒有好好地準備，所以糊裡糊塗地失敗。」有些人，雖然很努力，但他們事先沒有準備妥當，因此，不得不大兜圈子，以致一生都走不到目的地，達不到成功的境界。

5、做事要用心

西班牙有一句俗語說：「人在心不在，穿過樹林不見柴。」這句話說得眞是十分確切。有不少人，對於眼前的事物，往往不知不覺。即使有人在一家商店裡已經服務多年，對於經商營業仍是一個門外漢，原因是他們做事總是睜一隻眼、閉一隻眼，從不留心任何與他接觸的事物。但那些精明幹練的青年只需做上兩三個月，對於店中大小事物就瞭若指掌了。

6、不斷充實自己

有些青年人，對於自己的工作能力隨時都在磨練，任何事他都要做得高人一籌。他總是睜大眼睛望著一切接觸到的事物，務必觀察思考得完全明白才甘休。他無時無刻不抓住機會學習、磨練、研究。他對有關自己前途的學習機會，看得非常重要，遠在財富之上。

他隨時都學習工作的方法和待人的技巧。一件極小的事情，在他眼裡，總覺得有學好的必要。對於任何方法，他都要詳細研究考慮，探求成功的奧祕。當他把這許多事情都一一學會之後，他所獲得的，比起有限的薪水，眞不知要可貴多少。他的工作興趣，完全繫於學習與磨練上。

那些才智卓越的青年，一定會利用晚上的閒暇時間，把白天所見所聞所思考的工作方法與應對、技巧從頭研究一番。這樣一來，他所獲得的益處，眞比白天工作所得的薪水多多了。他很明白，這些學識是他將來成功的基礎，是人生的無價之寶！

時常給自己「充電」

當今時代，科學技術突飛猛進，發展速度令人咋舌。在資訊爆炸的今天，每一個從事商業經營的人員，不僅要提高自己的科學技術水準，更重要的是還得提高自己的素質和修養。

從孔子的「知者利仁」說中，我們可以認識到，知識、文化是一種不可多得的社會資源，更是一種不可多得的商業資源。隨著整個社會的消費水準和消費品位的不斷提高，人們越講求商品中的文化含量，講求情調，講求新奇，講求精神的享受。因此一種溫馨的文化推銷在一些大、中城市的商場裡誕生了。如今很多商場人士都在經營策略上打破常規，把做生意的功夫大多下在了「生意」之外。同時，人生在世，要想作出一番事業，有所成績，找到自己在社會上的位置，就應該掌握一門技藝。這種技藝無論是做工、務農、經商，都應精益求精，才能適應目前科技不斷發展、競爭日趨激烈的現實。求精的辦法只有苦鑽硬學，既需要繼承傳統程式，又需要根據新形勢的要求創新發展，這對於處在市場競爭中的商業經營者更屬必須。

孔子將多才多藝作爲學習所追求的目標，也作爲理想人格的重要內容。他說：「君子不器」，意即有文化、道德修養的人，學問很廣博，不像器皿只限於一種用途。他又指出：「工欲善其事，必先利其器。」具有各方面的文化知識，對從事商業活動大有裨益。被譽爲「財神」的范蠡，人稱他「上通天文，下通地理，三教九流，無所不曉」。「通天文」即掌握時令季節，適時組織貨源供應市場；「通地理」即掌握各地物產，商品流通管道、運輸管道和消費等情況；「通三教九流」即摸清社會各類群體、顧客的心理、習俗和需求。正是這些廣博的知識和實踐經驗，使范蠡成爲中國歷史上有名的「一擲千金」的富翁。

時代發展到今天，絕大多數的商家都認爲：掌握豐富的生活知識和專業技術，對於經商活動是多麼重要。他們越做越覺得買賣裡頭有很深的學問，越做越覺得自己需要提高。要搞好銷售工作，就得懂經濟學、社會學、市場學、商品學。要增進效益，使資金周轉靈活，把企業搞活，還得懂經濟學、數學、物價學、企業管理學。只要你掌握了應該掌握的學問和知識，何愁你的生意不發達呢？

李嘉誠金言：科技世界深如海，正如曾國藩所說的，必須「有智、有識」。當你懂得一門技藝，並引以為榮，便愈知道深如海，而我根本未到深如海的境界，我只知道別人走快我們幾十年，我們現在才起步追，有很多東西要學習。

做事篇

一個聰明機智的人，一個做事有板有眼的人，一個養成一身良好的習慣、消除了事業障礙的人，一個虛心勤奮肯於鑽研的人，必定會在人生、事業的道路上步步走高，從而擁有很好的前程。這就是李嘉誠成功做事的奧祕。

第四章　締造自己的成功網路

在「圈子」裡生存

一個鮮活的生命不應該是一個孤立的存在，他應該生存在一個圈子裡。

一個人走向社會，建立起的朋友圈與往水庫裡放一瓢魚苗一樣，是不會輕易離散、輕易打破的。生物學家發現，往水池中放魚苗時，如果一瓢舀十條魚，這十條魚從放入水池到長大被捕捉時爲止，是不會輕易離散的。如果是一百條，那麼只要牠們不死，就始終生活在一起。如果是三條，那麼這三條將自始至終生活在一起。牠們既不輕易吸收其他魚進入這個生活圈，也不會有任何一條魚輕易脫離牠自己的生活圈。人在這方面也具有與魚類相似的集群性。

一個青年人走向社會後，在三五年內便會建立一個朋友圈。這個最初建立起來的朋友圈將是他一生交往和主要活動的範圍，即使有人偶爾脫離了這個生活圈子，不久還會再回到這個圈子中來。

對於魚類來講，牠們只有相依爲命才能共同去進行一生的探險，牠們對任何外來的魚類都保持著高度的警惕和不信任。

與此相似，青年人從學校、家庭這個小環境進入社會這個大環境，像魚苗從桶內放入水庫一樣，在社會這個神祕莫測、險象環生的海洋中，他必須找到一些夥伴來共同進行人生的探險。同時，按照物以類聚、人以群分的原理，每一個人在建立朋友圈時必然帶著一定的特點和傾向性。因此，他選擇朋友一般都適應他的基本情況，這種朋友圈有高的標準，也有低的標準。低層次的所謂棋友、牌友、酒肉朋友；高境界的則是憂國憂民的志同道合之士，如歷史上的桃園三結義、梁山泊英雄、瓦崗寨好漢、竹林七賢、東林黨人等。這種圈子經過三五年的生活考驗後基本便穩定下來。這個穩定下來的朋友圈就好比一瓢魚兒。他們之間的優點、缺點、生性、脾氣、品質、情操等，彼此都十分了解。自己有了困難，知道圈子裡的人會幫助他，別人有困難自己也會盡力幫忙。在朋友圈裡，平時吵吵鬧鬧、磕磕碰碰、爭東奪西的現象也是經常發生的，但決不像圈外人一樣記仇，一般過後很快就會相互諒解。即便爭執激烈，說了一些過頭的話，但說者是姑妄說之，聽者是姑妄聽之。如果有言行損害了圈子裡朋友的利益，一般會有人出來說公道話的。如果損害很嚴重，那人便會被大夥兒趕出圈子之外。這個被趕出圈外的人就像離群孤雁狼狽不堪。因爲人們大都知道他被趕出圈子的原因，其他圈子也很難接納他。

圈子一旦形成，即使有人出人頭地，有人一文不名，也不影響圈子的牢固性。社會地位很高的人仍然喜歡和圈子內社會地位很低的人親密交往。他們會把圈子內社會地位低的朋友看得比圈外工作中的上司和社會地位很高的人更重要。因爲在朋友圈內沒有世俗的高低貴賤之分，在朋友圈裡衡量人的標準是品德和才能。政治經濟地位低下的人只要品德高尚，在朋友圈內也不受歧視。政治經濟地位很高的人品質低下，在朋友圈內也不受尊敬。

一個人愛護自己朋友圈的整體利益應像愛護自己的眼睛一樣，珍惜朋友之間的友誼應像珍惜自己的生命一樣，損害朋友圈的利益就像挖掉自己身上的肉一樣，背叛、出賣、矇騙圈內朋友則無異於自殺。

互相幫忙

雖然說在這個世界上，誰離了誰都能活，可不能否認的是，失去或者乾脆就不擁有某些人的幫助或合作，生活的品質就會大打折扣。

在這樣一個越來越獨立的時代，人與人之間變得有點冷漠。住在同一層樓的鄰居一年幾乎都不打一聲招呼，整天工作在一起的同事也就僅限於問候一聲：「你好！」或者就在家裡獨自辦公，大有老死不相往來的架勢。

於是，醫院的病歷上開始署明「高樓綜合症」、「封閉症」之類，我不知道那藥方裡都有什麼，但我猜那都是從國外進口的一些治療精神病的藥物。你說這是何苦呢？見面彼此投以燦爛的微笑，工作學習時相互支持，這是多好的事情，何必非要把自己和精神病人歸於一類。可是生活中偏偏就有人覺得單槍匹馬是勇敢，求人幫忙是懦弱，更有人覺得超過別人就得不擇手段，陷害他還陷害不過來呢，還跟他談什麼合作？這類人簡直都不如動物了。

說這些話絕沒有批評獨立的意思，因爲一個人終歸得靠自己，重要的事情別人大都幫不上什麼忙。比如說找工作，如果你的能力實在太說不過去，即使把親戚朋友都調動起來，也非常令人爲難；比如說做生意，親兄弟尚且得明算帳，你光靠朋友支撐，自己毫無作爲，也終究不是一回事兒。但是，生活中有很多事情都是非常偶然的，你說不清哪一天就用著誰了。比如說當今被人們稱爲資訊時代，有朋友自然就有資訊，網際網路再包羅萬象，也不能把天南地北的動態都提供給你，更何況它提供的對你來說也不一定有用。而你曾經覺得八竿子也打不著的什麼人可能就幫了你的大忙。你能說這是巧合嗎？

所以，聰明的人善於把自己的能力和朋友的幫助結合起來：一方面，自己有過人的本領；另一方面，又深諳合作的意義，各方面都有朋友，自己又足以令人尊重，威信自然就漸漸建立起來了。不要擔心別人進步了會傷害自己，只要你足夠強大，並妥善處理好周圍的事務，團結只能給你提供力量。你可以把它看作是自己成功的奠基石。

及早編織事業上的關係網

精於戀愛之道的人大都懂得這樣一個金言，那就是「普遍撒網，重點捉魚」。此法是提高成功率，增加「總產量」的不二法門。

商界金言：「一流人才最注重人緣，」又說：「擦肩而過也有前世姻緣。」因此商界中最重人際關係。「一流人才最注重人緣」，其實這句話的反面應該說：「最注重人緣的人，才能成爲一流人才。」

確實，人緣是很微妙的東西。我們在世上的一舉一動，所接觸的大人物或小人物都很可能變成日後成敗的因素。而世間密密麻麻地結著人緣的網，我們每一個人都生活在一個個的網目之中，攀緣著網絲可以和許多人拉上關係。假如你能和這麼多人建立良好的人際關係，使他們成爲在事業上幫助你的朋友、在生意上照顧你的顧客，相信你的事業一定非常成功。

因此你結的網越多、越堅固，等於你有一筆無形的巨大財產。因此，希望做生意就一定要盡快建立人際關係。

人際關係亦即人緣，這種東西是自己要創造的，並不會從天上掉下來的。如果太客氣、太害羞、太內向，將失去許多和人接觸的機會。還有，有了一點人緣，仍要努力加以擴大，加以活用，使得生意著實地向前發展。

當你在公司上班的時候，只要運用組織力量，擴大、運用公司的人際關係，就可以使業務進展。公司職員在公司上班等於是在母親懷中的嬰兒，處處在父母的愛護下成長。等到長大成人要自立門戶的時候，就再也不能依賴父母。父母親若遺下一些人際關係讓你運用當然更好，如果沒有，那就得重新創造自己的人際關係才能在社會上生存下去。

因此人際關係是自立開業最重要的課題，生意能否成功，人際關係的好壞很可能是決定性的因素。那麼如何建立人際關係呢？

敢於和人接觸當然是最基本的，但並不是只要能言善道就夠了，最重要的是要在朋友之間、在此後所交往的人之間、在所有認識的人之間，建立一個「信用可靠」的印象。

「信者得賺」，不但要讓朋友信任你，而且要讓顧客信賴你。

李嘉誠金言：假如今日沒有那麼多人替我辦事，我就算有三頭六臂，也沒有辦法應付那麼多的事情，所以成就事業最關鍵的是要有人能夠幫助你，樂意跟你工作，這就是我的哲學。

結識陌生人的方法

相傳袁世凱有個特殊的本領，無論何人，只要他見過一次面，當第二次相見時即能說出對方的姓名。某學者與袁氏曾有一面之緣，某次因事到「總統府」拜訪袁世凱，袁氏出來便直奔某學者，握手稱某先生。當時座中候見的客人很多，但是袁氏特別器重這位學者，破例親自來請他入室相見。對於袁氏能認得第二次見面的客人，大家認為是奇蹟。當然這是袁氏的記憶力異於常人的緣故，究竟有何特別方法，就不得而知了。

若能夠記牢對方的姓名，最容易讓對方產生良好印象，這種本領，在交際場中大有用處。對方對你十分熟悉，你偏叫不出他的姓名，雖然可以用含糊的方法敷衍過去，但心裡終究覺得不安。有時因爲地位的關係，你應該先招呼他，而他卻不便先招呼你，你如記不起他的姓名，不去招呼他，他會誤認你是自大傲慢、目中無人，這就不妙了。所以你要在交際場中占有優勢，熟記對方的姓名，是一件必不可少的功夫。

有的老師之所以能夠在初次見面就叫出學生的姓名，其實並沒有什麼神祕方法。他是預先做一種別人不肯做的功夫，就是把學生的照片反復辨認，把許多相片，作爲一本有趣味的新書讀，連續幾天，把所有的照片都全部讀熟，每個人的面貌，都印入他的腦子裡，像普通熟人一樣，所以一見如故，不待問明姓名便可很自然地叫出對方姓名，使對方不由得大吃一驚。但是普通人通常不肯下這種煩瑣而乏味的功夫。你要熟記陌生人的姓名，從照片上認識相貌，同時與姓名一齊熟記，是容易辦到的事。比方有一張團體照片，你有意熟記照片上的人，相信每天只要花十分鐘功夫，不到三五天就可以完全認識。國家的領導人物、世界知名的人物，凡是看見過幾次他的照片的，誰都能指出這是某人、那是某人。這樣看來，熟記陌生人的姓名，不是很平常的事嗎？

如果你所遇見的人，沒有照片，那麼預讀照片的辦法便無法應用了。這時你不妨用見面的機會，細細辨認一下，他的身體有什麼特徵，比方身材特別高，是個彪形大漢，這是特徵；身材細長，像個電線杆，也是特徵；雙目明亮，或細如鼠目，也是特徵；口特別大，鼻子特別高，也是特徵；頭上禿頂，也是特徵；走起路來，一拐一拐，還是特徵；雙耳招風，同樣是特徵。人都有特徵，有的人其特徵還不止一種，你把他的特徵作爲新奇事物看，同時與他的姓名連在一起，在短時間內一再反復辨認，就自然會記得很熟了。

不過還有一點必須注意，在做辨認功夫時，態度必須自然，不要顯出正在辨認的神情，使對方察覺。這當然也要有相當的聰明，雙目盯牢、端詳不已，就有失禮數。尤其是對於女性，這種動作就足以使對方面泛紅暈、侷促不安了。

結交名流的好處

要與一流人物交往，以便促使自己也成爲一流人物。

在自己所處的環境裡，能與站在頂點地位的一流人物交往，並學習其觀念、優點、做法，才能引導自己向上。名流中固然有名不符實者，但畢竟大多數人確有本事和才能，倘若能吸取他們經驗和觀點中的精華，對你的生活和工作必將大有助益。而與那些遠不及自己的人往來，最後很容易使自己落到那些人之後。

結交名流也可能獲得更切實的幫助。如果你立志在商界闖出名堂來，首先就要想辦法接近商界名流，與其交往，建立起良好的信賴關係。一旦與你建立了信賴關係，他就會考慮：「替這個人找個機會造就人才吧。」如此一來，你的命運可能會大獲改觀，甚至可能一層層地脫胎換骨，一步步走入名流社會。可能你還沒有眞正認識到，有名的人往往有深遠的影響力，一句贊許的話就可能使你受益良多。

在心理學上有一種「趨勢」心理，就是結交、崇拜、依附有名望者的心理，這種心理絕大多數的人都有，只是程度不同而已。它反映在人的心理上便是希望提高自己的社會地位，平等地與名人交往。

有一個著名的公關專家曾經說過這樣一段話：「要發展事業，人際關係不容忽視。費心安排的話，人際關係便能由點至面，進而發展成巨樹。有了巨樹我們才能在巨樹的大蔭下休息，坐享利益。社會地位愈高的人，在拓展事業的時候人際關係愈是重要。但是總不能因此就拿著介紹信要去拜會重要人物。就算登門造訪人家也未必有時間見你，因爲執各界牛耳的人物，通常都排有緊湊的日程表，即使見面，大概頂多也不過五分鐘、十分鐘的簡短晤談，無法深入。所以，製造與這些人物深入交談的機會，非得另覓辦法不可。」

而另一位著名的企業家卻通過「十年修得同船渡」的方法結識許多社會名流，他的經驗是：「在每次出差的時候，我都選擇飛機的頭等艙。一個封閉的空間，不會有其他雜事或電話干擾，可以好好地聊上一陣。而且搭乘頭等艙的都是一流人士，只要你願意，大可主動積極地去認識他們。我通常都會主動地問對方：『可以跟您聊天嗎？』由於在飛機上確實也沒事可做，所以對方通常都不會拒絕。因此，我在飛機上認識了不少頂尖人物。」

知道結交名流也是人之常情，你就無須畏縮，只需要拿出勇氣和智慧來，與名流交往、溝通，不斷地從內在和外在兩方面一起提升自己，一步步邁入名流行列。

不可錯過的聚會

想要廣泛擴大「交友網」，積極地接受對方的邀請是會有很多益處的。在宴請的酒席上，或許有機會見到對方的許多朋友，對方的朋友就很可能在喝酒的過程中成爲自己的好朋友。

「怎麼樣，今晚去喝幾杯？」

交際中對方打電話過來邀請時，即使你已喝得根本不想再喝了，也應該愉快地應邀。只要沒有特殊的情況，就應該回答對方：「沒問題，我一定去！」行動的快慢可以把自己的誠意傳達給對方。

晚上有一場精彩的棒球比賽。A君正想著晚上一飽眼福，結果朋友B君打來電話，邀請A君到大飯店餐廳一聚。A君感到爲難，但還是爽快地答應了對方。

去大飯店餐廳喝酒的還有B君的其他幾個朋友，其中包括年輕貌美的金小姐。A君的座位恰好挨著金小姐，兩人在酒席中談得非常投機。恰好金小姐也是個球迷，她託她的母親爲她錄了今晚的比賽，並邀請A君到她家看比賽的錄影。A君爽快地答應了，並約好了時間。

後來兩人的關係順利向前發展，最終結成了伉儷。如果當B君邀請A君時，A君一味地考慮這次酒宴對他沒有什麼現實的好處，他就有可能放棄應邀。而社交的妙處並不在於它能一下子給你什麼東西，而是在於它總能夠給你提供這樣那樣的機會。

當對方邀請你去他家做客的時候，接受邀請的同時要問清對方自己什麼時候去合適，然後按時赴約。

像上述的事例中，如果A君當晚就跟金小姐去她家看錄影，恐怕他們之間的緣分也就只到朋友爲止啦。

當朋友對你說：「這幾天來家裡玩吧，請你吃飯，怎麼樣？」你應該確定一下時間：「下個星期天去打擾如何？合適嗎？」然後在約定的這天去拜訪並表現出由衷的高興，那麼對方一定會感到你是從心底裡信任他的。其實社交成功與否往往在你的一念之間，懂得了應邀的奧妙，你和對方的關係就會非常順利地向前發展，甚至成爲一生中難得的知心朋友。

和上司、前輩或年長者一起去喝酒、用餐的時候，一般是他們掏腰包請客。但是，即使是上司、前輩或年長者，他們的錢包不見得比你的鼓多少，所以對方請客後，你理所應當要說聲：「謝謝您的款待！」

那麼，有時你也應該自己掏錢請他們的客，這時你應該懷有這麼一種心情：就算費點錢，但能夠聽到他們寶貴的經驗之談，也是值得的。

無論哪一種交際，相互邀請是一基本原則。但如果不分時間、場合，只知道應邀喝酒的話，那麼這種人的品行就顯得太低劣了。時刻牢記這一點：爲了加深交際，要心甘情願地掏自己的腰包。

我們不反對應邀時帶著目的性，但是一味地以經濟性的目的來判斷應邀，則顯得勢利了，這樣沒有多少人情味的人一般是不大受歡迎的。

製作紀錄完整的聯絡簿

服務業一定備有客人名冊——聯絡簿。因為要吸引客人經常上門，生意才會興隆。像某些高級俱樂部則專門招待會員，一般的客人還不能光顧。

吸引固定的客人經常上門是經營的主要任務。除了隨時充實硬體設備，以更新更好的條件來吸引新客人上門，並使老客人不致生厭之外，還需要更積極地採取業務活動。業務活動的主要依據就是客人名冊。

客人名冊的內容包括：姓名、年齡、出生年月日、地址、電話、學歷、工作、職位等共同部分，另外還可能包含本人的嗜好、專長、收入狀況、經歷、人際關係、政治立場、個人性格等個人背景。

這本名冊的內容是愈精細愈好。在擬定業務方針的時候，必須依據這本名冊歸納出客人的類型及特徵，然後針對這些客人的需求設計出獨特的營業方式。

街上相同類型的店家比比皆是，客人爲什麼要選擇光顧自己的店鋪，這一定是因爲自己的營業方式能夠吸引客人。這不是光靠親切的服務，或是美女如雲就可以了。

此外，利用特別的紀念日寄贈卡片或禮物，也是吸引顧客的方法之一。名冊上詳細記錄了顧客的生日、結婚紀念日及其他對他個人具有特殊意義的日子，利用這些日子贈以別出心裁的禮物來表示心意，必定能夠讓客人留下深刻的印象。

沒有完整的客戶名冊，就很難作出有效的業務對策，如此別說是難以拓展業務，就是要保持原有的顧客也難。

朋友交往也是一樣，留心地記錄下和對方有關的各項事項，針對朋友的需求及特質修正自己的態度及方法，這樣才能有效地處理好人際關係。能打動對方的周全準備則需要完整的情報，聯絡簿就是情報的記錄，有完整的聯絡簿才能發揮完整的交際手腕。

讓「另一半」成為後援

你的另一半可能是你商業生涯的後援和支持者，也可能是阻礙破壞者。即使是後者，你也同樣可以從她那裡獲得幫助。

每個成功的人後面都有一個成功的男人或女人。這句話具有很深刻的道理。不可忽視「另一半」對你的經營才能的影響。有一位合作的另一半幫助你，會使你的經營走向更大更快的成功。一個「討人喜歡」的另一半，可能是你的商業之旅的有力支持者。而一位不合作的另一半，可能是你的生意場的一個破壞者，他／她甚至有可能使你成爲一個庸碌無爲的失敗者。

因此，你必須看一看你的另一半到底是不是一個合作者。就讓我們一起想個辦法來評價一下你的另一半吧。記住，當你的另一半在被你評估時，你也是在評價你自己。坐下來，拿出紙和筆，盡可能坦誠與客觀地對下列問題作出回答：

你的另一半在見你的老闆和你的商界熟人時是否感到不自在？

你能信賴你的另一半扮演即興男／女主人嗎？

你的另一半在你說明：你得出發去搭下班飛機到外地時，會持體諒和支持的態度嗎？

你的另一半鼓勵你作出有關你的生涯的重大決定嗎？不論決定是對是錯，他／她會支持嗎？

你的另一半像一塊問題「共鳴板」般對你有利嗎？

你的另一半採取積極的行動提升你個人的公眾形象，尤其是在他／她接觸到的「重要人士」那裡，她會這麼做嗎？

作完了這個測驗，看你得出的結論是什麼，你的另一半到底是你商業生涯的後援支持者還是阻礙破壞者。如果你的另一半是你個人生涯的後援支持者，你應當感謝上蒼，你有了一個能真正幫助你的人，你的事業會更容易獲得成功，向你的另一半表示感謝吧！

如果你沒有那麼幸運，他／她不是一個後援支持者，甚至是一個阻礙破壞者，你則需要盡快學會讓你的另一半變成一個你職業生涯的支持者。

領導者的素質是可以培養的。一個本不具備某項技能的人，經過認真的學習，也是可以具備這項技能的。一個成功的生意人會很注意培養自己的經營感覺。他會不斷尋找新的工作技巧增進自己的商業才能。他不是僅僅在一天八小時的工作中注意學習，而是把經營感覺的培養變成了二十四小時的工作。他注意選擇自己接觸的人，保證自己在工作之中和工作之外接觸到的人都有利於自己培養領導素質和經營感覺。他的另一半自然也不會例外。

正如前文所述，並不是每一個另一半都有利於培養經營感覺。有的另一半是有力的商業生涯後援者，而有的則是商業生涯的破壞者。如果你的另一半是前者，你就要多多從她那裡汲取營養，讓她走進你的培養環境。如果你的另一半是後者，就設法改變她，使她變得更像前者，然後也讓她進入你的培養環境。

一個另一半如果是你的商業生涯後援者，他／她會扮演迷人男／女主人的角色，即使有時會爲她帶來不便或痛苦。喜歡接觸人又天生愛社交的另一半將無可估量地增加她丈夫的衝勁。

一個另一半如果是商業生涯後援者，就會讓主事者主其事。不只是管理自己的工作與其員工，還要管理自己的生涯，肯奉獻的另一半常對丈夫／妻子能力表示出讓其得意的看法。在他／她看來，你任何事都能做得比別人好。

如果你的另一半野心太大，你可能會陷入危險狀況，另一半會變成後座經理。他／她會擴大「生涯成長規模」直到超出了它該被擴大的地步。你另一半所採取的最健康、正常的策略是認真而又有智慧地對你說：「親愛的，我不太了解這件事，我對你的能力有信心，因爲你一直在做那工作。若是你認爲可以因爲改變而有更好表現，我永遠支持你。如果你決定留下來，那也很好。但是作決定的是你自己，因爲只有你夠格評估這些因素、決定你自己的選擇。」

另一半若是有技巧又體諒的「共鳴板」型的人，要爲自己感到幸運。當你心情變化時，將那雙有同情心的耳朵物盡其用。若較好的另一半是個天生「顧客」，就要他提供關於房子、孩子及你社交生活的勸告，但絕不要扯上你的工作。

你的另一半可能會成爲最佳的「公關人員」。爲提升你的公關地位，他可以想盡各種辦法。總之，你的另一半能成爲你生涯的後援，助你步入成功，好好地利用吧！

吸引優秀的合作者

在多數的情況下，想成功，必須仰賴合作者的幫助。與你合作的人越多，你的運勢就越旺，如果你又能正確地選擇對你有幫助的人，成功必定指日可待。存在於你和合作者間的，不是利害關係，而是「友誼」、「相互的尊重」。其次，不可對合作者的才能持過高的期望，或強求合作者具備他所沒有的才能。

每個人都有擅長和不擅長的部分。如果一味要求對方達到你的標準，不管對方是否有能力做到，只知要求，不知體諒感恩，甚至斥責對方、貶損對方，不但於事無補，還會使人心背離，失去優秀的合作者。

不過，如前所述，有些合作者是爲了自己的利益才接近你的，對於此類僞合作者，一定要小心防範。

雖說如此，卻不能因此對所有合作者都持懷疑的態度。合作者的能力雖有高低，但對你有害的「有心人」，畢竟只是少數，切莫一竿子打翻一船人。

如何才能具備吸引合作者的魅力呢？其實一點也不難，只要學會下列三項祕訣，你就能成爲別具魅力的人。

一、**給予金錢的利益**：切莫輕視利益的重要性，因爲利益是吸引合作者助你一臂之力的要素，但是，過分重視利益也會破壞友誼的純度。不給對方利益，會毀損你的魅力；給太多則可能適得其反。這之間的尺度，就靠你自己去掌握。

二、**滿足情感的需要**：所謂情感需要，主要是指友情、彼此的夥伴意識。滿足對方對友情的渴求，對方自然樂意助你一臂之力。

三、**提高自我重要感**：在提高自我重要感方面，要明確地讓對方知道，你多麼需要對方的幫助，而且除了對方沒有人有能力幫助你。這樣能大大地滿足對方的優越感，樂意爲你效犬馬之勞。

如能將上述三項祕訣銘記在心，你便會散發出無比的魅力，吸引優秀的合作者向你靠近，助你邁向成功之路。

最大的資產是信譽

李嘉誠的良好聲譽和穩健作風，使他成爲著名國際公司的合作對象。他總是能夠洞燭先機，利用各種機會與客戶建立長期的互惠關係，而不向短期暴利著眼。李嘉誠除了與客戶建立平等互利的商業關係外，還十分重視與客戶保持眞摯友善的個人關係，從而使雙方獲得深切的了解和緊密的合作。

幾年前，李嘉誠決定把他所持有的香港電燈集團公司股份的百分之十在倫敦以私人方式出售。在計畫進行的過程中，港燈即將宣布獲得豐厚利潤的消息。因此他的得力助手馬世民馬上建議他暫緩出售，以便賣個好價錢，可是，李嘉誠卻堅持按照原定計畫進行，李嘉誠很認眞地說：「還是留些好處給買家吧！將來再有配售時將會較爲順利。而且，賺多一點錢並非難事，但要保持良好的信譽才是至關重要和不容易的。」

對於這一點，《遠東經濟評論》的評論家曾經非常精闢地說：「有三樣東西對長江實業至關重要，它們是名聲、名聲、名聲。」

在加拿大投資赫斯基石油之後，李嘉誠的名字在加拿大已家喻戶曉，一些與李嘉誠合作的香港乃至國際上的大財團首腦都高興地說：「我們都很信賴李嘉誠，李嘉誠往哪裡投資，我們就往哪裡投資。」

財富是成功的試金石。李嘉誠由一個貧窮的少年到成爲世界級超級巨富，他的成就的取得可以說是必然的。這種成功的必然，在於他一直擁有的銳利而長遠的目光；他開朗的性格；豁達豪爽，義字當頭的氣概；待人以誠、執事以信的品德；對問題深思熟慮後、迅速作出果敢決定，並鍥而不捨地去實施一切計畫。

無論是過去還是現在，李嘉誠身邊的人們總是異口同聲地說：「他有先知先覺的判斷力，超人的魄力和幹勁，極強的進取心。他今日的成就，全部都是由自己的雙手和頭腦創造出來的。」「李嘉誠的發跡靠的是『誠』，李嘉誠最大的資產也是『誠』。」

李嘉誠金言：一般而言，我對那些默默無聞，但做一些對人類有實際貢獻的事情的人都心存景仰，我很喜歡看關於那些人物的書。無論在醫療、政治、教育、福利哪一方面，對全人類有所幫助的人，我都很佩服。

第五章　成功者都是樂天派

事在人為但必須努力為之

在被稱爲商業之港的香港，許多人都有著自己一套致富的哲學。但作爲香港首富的李嘉誠，他的致富哲學卻是這樣的樸實無華，正如他所說的，致富哲學無非是四個字，「事在人爲」。「事在人爲」是李嘉誠的人生格言。很多商人迷信風水，做生意辦事情都要擇選好日子，李嘉誠卻對這一套不在意，他從來相信事在人爲，不必信邪。

一九九五年，李嘉誠首次開始擴張業務，成立了一家中型工廠，接了幾個月的訂單，買了新機器，他去租面積兩萬尺左右的廠房，那家工廠正處於倒閉的邊緣。

原廠的一位員工拉住李嘉誠說：李先生，我很少看見一個年輕人這麼努力，這麼有禮貌的，我想提醒你的是，在這士美菲路經商的，沒有一個是賺到錢離開的，每一家都是失敗而回的，我的老闆來的時候也是雄心勃勃的，現在卻差不多要倒閉了，隔壁那兩家也好不到哪裡去，恐怕不久也要走上死路了，你年紀輕輕，損失點訂金算了。李嘉誠感激之餘卻說：訂單我已經接下了，機器也已經訂好了，如果現在不安裝設備生產，我將失信於人，我絕對不願意這樣做。

李嘉誠搬進去後小心經營，也特別勤奮，結果生意很好，開工一個月就已賺到了全年的經營費用，不到一年，隔壁的兩家工廠果然倒閉了，李嘉誠把這兩家廠也都租了下來，直到在其他地方買了地蓋了新房子才搬出去。李嘉誠說，等他搬離了士美菲路的時候，好多人都搶著要租那幾間廠房。說來也奇怪，其他人在那裡就是做不好。李嘉誠說：風水這個東西，你要信也可以，但最終還是事在人爲，重要的是自我充實，做好自己的工作，相信很多本來認爲不可能的事情可以轉變爲可能。眼光放大放遠，發展中不忘記穩健，這是我做人的哲學。

訓練自我放鬆

「放輕鬆，其實每個人都會心痛……灑脫不會永遠出現在你的天空……放輕鬆，放輕鬆……」

許多人都熟悉這首歌，也傳唱這首旋律輕鬆的歌曲。但若被問及「放輕鬆的意義何在」和「怎樣放輕鬆」時，卻很少有人能夠輕輕鬆鬆地說明白其中的道理。在生活節奏日趨加快的今天，倍感壓力的現代人多麼渴望自己能夠在緊張繁忙的學習、工作中鬆弛身心、減輕壓力！而事實上卻沒有多少人能夠如願以償，大多數人依然爲生活所累，終日疲憊，困惑不已。人們欲鬆弛身心而不可得，因爲他們沒有深入思考過應該怎樣放鬆自己。

如果問及同事或親友，問他們對鬆弛身心含義的理解時，你得到的答案多半如出一轍，他們會下定義如是說：「鬆弛身心是人們計畫中將來某一天（開始）要做的事情，比如你可以在假期裡履行你的計畫，到時候你可以到海濱度假，躺在吊床上乘涼、臨風微擺；當你退休後，你就已經作完了所有的工作，那時可選擇的餘地就更大了，打牌、看書、逛街或外出旅遊……」可見，人們對如何鬆弛身心的看法都很具體，遺憾的是不全面——甚至有些片面。想想看，在繁忙的工作生活中，你能有幾天假期把自己掛在吊床上吹風，盡情地放鬆自己？而等到退休時，你已青春不再，時間、精力都不允許你去補償自己年富力強時放棄的繽紛色彩了。

也就是說，等到假期或是退休才想到該放鬆放鬆自己，意味著人們在其生活中的大部分時間裡，甘願承受緊張匆忙和焦躁不安的壓力，而非常可惜的是，這大部分的時間又正是每一個人生命中最有價值的部分！正如本書前文所言：生活不是緊急事件，我們每一天都應該調整好自我狀態，在學習、工作之餘應努力放鬆自己，不可讓疲累的感覺充斥生命。

能否做到從每天緊張繁忙的學習、工作中擠出時間給自己一點放鬆的閒暇，是很考驗一個人的心理素質的。因爲做到這一步，就要不管時間有多緊迫、任務有多繁重，只要感覺到效率開始下降，精力不再集中而需休息調整時，你就得暫停工作並及時轉入放鬆狀態。事實上，許多人在大考臨近時是絕不肯每天拿出一小時的時間來讀小說、逛街或看電視的。他們總認爲「現在一刻也不能放鬆！等捱過了這一陣，再去睡他一天一夜！」其實，每天有規律地做到張弛有度，我們不僅不會浪費時間，而且還可以節約時間。

記住，那種期待到了將來的某一時刻才開始放鬆自己的計畫是不可取的！如果你現在需要放鬆，你就現在開始放鬆自己。謙和輕鬆的心態有助於激發潛能，最大可能地提高你的工作效率。只有時常保持一種平和輕鬆的心理，你才能事有所成，走向成功。要知道，創造力源於輕鬆和諧的思維，緊張忙亂的情緒只能給我們的事情添亂。可以想像，當年貝爾一定是神色自若、笑容可掬地試驗成功地球上第一台電話機的。有位作家向別人介紹經驗時說：「當我感到緊張、壓力大的時候，我就不會試圖寫作，哪怕一個字；但等我恢復了輕鬆平和的狀態後，我筆下的文章就源源不斷地產生了。」我們不妨向他學習。

要使生活眞的做到「放輕鬆」，你就必須訓練自己自如應對生活瑣事的能力。生活由一幕幕戲劇組成，有喜劇、有悲劇、有鬧劇……你必須具備化悲爲喜、嚴防樂極生悲的意識，才能隨時保持一份輕鬆平和的心態，憑著這份穩健的自信去闖蕩人生旅途的風浪。這種處變不驚的人格力量來自於你一次又一次積極的自我暗示——一種對生活充滿仁愛和耐力的自信，它始終使你能夠正確選擇對待生活的態度，有了這種積極的自我意識，你就可以學會如何去思考人生，並能夠結合實際環境創造出新的生活方式。實踐中，你自主的選擇必將賦予你一個更加輕鬆愉悅的自我。

相信好日子就要來到

記得西班牙小說家賽凡提斯筆下的悲劇人物——唐吉訶德嗎？一位令人愉快、與人無忤的紳士，他讀過許多穿盔甲的英勇騎士的故事，因而，他將自己幻想為其中之一——戴著生銹的盔甲，騎著瘦馬，出發去冒險，尋求浪漫的生活。

可憐的唐吉訶德，他將風車誤認為旋轉的怪物，而大肆攻擊；幻想羊群是一支敵人的軍隊。好一個瘋狂的騎士！在他的幻想世界中，他是極為真摯的。可悲的是——他全盤錯了。他根本看不見事實眞相，最糟的是——他連自己是誰都不清楚！

世界上有許多人都過得不快樂，雖然，他們熱切地冒險去征服世界，但是每件事情都出差錯，他們看不出眞正的原因。其實，世界本無錯誤，是我們的看法錯誤。我們對它的看法有錯誤時，我們的情緒也就不對勁了！我們常誤以爲別人有傷害我們的力量，因此害怕別人。其實，他們沒有這種力量。例如，當我們找不到工作時，會氣憤地攻擊社會制度——因爲我們內心感到不安全，我們內心感到不平衡。殊不知，不安全感、不平衡感是基於自我受到傷害，而非工作問題、就業問題、貧富懸殊問題，只要我們願意花一點精力，總會解決的。

唐吉訶德不知道自己是誰，恐懼自己沒有價值，因此，他把自己圈入幻想的圖畫中、想像中，他是英勇的騎士、情聖和大膽的冒險家，但是當幻想與現實抵觸時，他只有掉下馬背。

如果你仔細觀察，就會驚奇地發現，在我們的日常生活中，能夠體驗到歡悅的人，實在是太少了，就說說你自己吧，你是否注意到：自己是一座充滿青春活力和色彩絢麗的極樂島呢？還是埋頭爲旁邊的小草傷神呢？你在雨後呼吸到清新的空氣時，是現出微笑呢？還是兩眼盯著道路上的泥濘？當你走過一面鏡子，無意中看到自己的影像時，你看到的自己是一副喜色還是一副愁容呢？

保持歡愉、樂觀的態度，是取得成功的關鍵。同樣，一件事情常常既可以說成是「好事」，也可以說成是「壞事」，既可以說成是「幸事」，也可以說成是「倒楣事」。到底如何看待，一般都取決於個人習慣和什麼相比而言，而不在於實際上發生的事情本身。

你對於現實抱什麼樣的觀念，就會給你的思想方法和行爲舉止塗上什麼樣的色彩。你心目中的現實是怎樣的一種結構，都是你自己設計和鑄造出來的。

對自己的生活道路起主要影響作用的是你自己。如果你認準了什麼事情都在糟下去，你就會不知不覺地給自己造成一些不愉快的環境；一旦你覺得厄運即將臨頭，你就會作出一些消極的事情，使你的預言眞的應驗。

反之，如果你把內心的思想和言談話語都引導到奮發鼓勁的念頭和看法上去，你就會打開一條積極的思路，於是，你講的話也就與你的樂觀情緒比較一致起來。如果你相信今天會過得好，而且明天會過得更好，你就會往好處去做，注

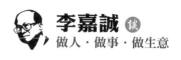

意把日子過好。你將要把自己的預言變成爲現實。

聖經裡講過積極態度的重要意義：「你若能信，在信的人，凡事都能。」即只要你相信，對於相信的人來說，什麼事情都是可能的。不幸的是，我們很少有人記得以前發生過的好事，也很少有人「相信」將來會發生什麼好事。

原諒自己的小缺陷

有一個故事也許能讓我們有所感觸，有一個人對自己坎坷的命運實在不堪重負，於是祈求上帝改變自己的命運。上帝對他承諾：「如果你在世間找到一位對自己命運心滿意足的人，你的厄運即可結束。」於是此人開始了尋找的歷程。一天，他來到皇宮，詢問高貴的天子是否對自己的命運滿意，天子嘆息道：「我雖貴爲國君，卻日日寢食不安，時刻擔心自己的王位能否長久，憂慮國家能否長治久安，還不如一個快活的流浪漢！」這人又去詢問在陽光下曬太陽的流浪人是否對自己的命運滿意，流浪人哈哈大笑：「你在開玩笑吧？我一天到晚食不裹腹，怎麼可能對自己的命運滿意呢？」就這樣，他走遍了世界的每個地方，被訪問之人說到自己的命運時竟無一不搖頭嘆息，滿口怨言。這人終有所悟，不再抱怨生活。說也奇怪，從此他的命運竟一帆風順起來。

迄今為止，我們還未曾見到過一位內心平和、生活愉悅的絕對完美主義者。而且，今後可能也不會遇上。人們對事物一味理想化的要求導致了內心的苛刻與緊張，所以，完美主義與內心平和相互矛盾，兩者不可能融入同一個人的人格。事物總是循著自身的規律發展，即便不夠理想，它也不會單純因為人的主觀意志而改變。如果有誰試圖使既定事物按照自己的要求發展變化而不顧客觀條件，那麼他一開始就已經註定失敗了。

現實中，我們許多人都過得不是很開心、很愜意，因為他們對環境總存有這樣那樣的不滿，他們沒有看到自己幸福的一面。也許你會說：「我並非不滿，我只是指出還存在的問題而已。」其實，當你認定別人的過錯時，你的潛意識已經讓你感到不滿了，你的內心已不再平靜了。

一床凌亂的毯子，車身上的一道刮痕，一次不理想的成績，數公斤略顯肥胖的脂肪……種種事情都能令人煩惱，不管是否與你有關。你甚至不能容忍他人的某些生活習慣。如此，你的心思完全專注於外物了，你失去了自我存在的精神生活，你不知不覺地迷失了生活應該堅持的方向，苛刻掩住了你寬厚仁愛的本性。

沒有人會滿足於本可改善的不理想現狀。所以，你努力尋找一個更好的方法：你要用行動去改善事物，而不是「望洋」空悲嘆，一味表示不滿。同時你應認識到：我們總能採取另一種方式把每一件事都做得更好，但這並不是說已經做了的事情就毫無可取之處，我們一樣可以享受既定事物成功的一面。有句俗話不是說「沒有最好，只有更好」嗎？所以，不要苛求完美，它根本不存在。

如果你有過於要求完美的心理趨向，就趕快治療——這可是容不得耽誤的疾病啊！當你又要認爲情況應該比現在更好時，就請把握住自己，禮貌地提醒自己現實中的生活其實很好。當你放棄自己苛刻的眼光時，一切事物都將變得美好起來了。不要刻意追求完美，你會感覺到生活充滿了明媚的陽光。

每天都過感恩節

每天早晨一覺醒來，首先想一想有什麼人的什麼優點值得自己學習並在未來的一天裡身體力行，再想想他的人格是否對自己的成長有所啓示與幫助——如果有，就要心存感激；若缺少發現，則需要有所思考。

對別人心存感激，你就會感到人生的愉快。感恩也是一種愛，任何負面的情緒在與愛相接觸後，就如冰雪遇上了陽光，很快就消融了。如果有個人正在跟你發脾氣，而你只要始終待之以愛心和溫情，最後他是會改變先前的態度的。

實際上，心存感激與平和的內心狀態是彼此相聯繫的，你越是對生活心存感激，你越生活得祥和愜意，因爲生活總是對誠摯給予回報。如果你在這方面做得還不夠，則需進行練習。

即使受到了委屈與不公，你也不可對生活喪失信心，你始終應該堅信：生活是美好的，生活中的人們是善良的。所以，睜大你的雙眼，去發現你周圍的眞、善、美。

每一天，你呼吸、走路、穿衣、飲食，爲此你應該感激天空、大地、牛羊、蔬菜、農民和工人，沒有這一切就沒有你——你是這個世界愛的結果。不僅如此，你從呱呱墜地的嬰兒成長爲一個英俊青年或是漂亮姑娘，甚至已經成家立業、功成名就，在你的成長過程中，不知有多少可親可敬的人們曾經爲你付出心血！你眞的應該對他們心存感激：你應該感激你可愛的朋友、家人、師長、同事以及你過去的相好，甚至還應感激啓發了你的思想的古聖先賢，還有許多數不清的人們——哪怕那些只是曾經給予過你小方便的陌路之人。古語云：「滴水之恩，當以湧泉相報。」你應時刻以此爲訓。

人的思想有著一種潛在的脆弱性，如不加強自我修養，則很容易「誤入歧途」，失去對他人的感謝之情，想當然地否定你身邊的人們。此時，與他們相處你不再感覺良好，愛意被敵視情緒取代，你開始感到某種沮喪。所以，你必須強化積極的自我意識，以一雙慧眼來看待生活，把注意力集中到他人的優點上。

一般情況下，當你心平氣和、狀態良好時，就會覺得人們很好，你很自然地想起一張又一張可愛的臉龐，內心充滿親切愉悅之情；不一會兒，你開始覺得別的事物也變得美好起來了：你開始慶幸自己的健康，想著孩子的可愛，你由衷地為自己的事業而自豪，你感到了自由的可貴……整個生活、整個世界都太美妙了！

每天都花上幾十秒鐘過過「感恩節」，這對你的生活很有好處。早晨醒來第一件事便是想想別人的好處，心存感激，接下來的一天裡，你將很難感到煩惱和沮喪。

李嘉誠金言：只知擷取而不懂付出的人，他的人生僅是個虛影，只有能活出原則，真正懂得如何奉獻國家民族及世界的人，才是真英雄。

時刻保持積極的態度

人有兩種態度：一是積極態度；一是消極態度。創業人必須去掉心中的消極思想，讓精神世界只有積極思想，除此以外，別無其他。態度積極與否，決定你的事業能否成功。閱讀任何一本成功人士的傳記，你只會讀到積極的一面，消極在他們的生命中，沒有什麼分量。

積極是一份活力，使你對於眼前的一切，感覺到充滿生機，你喜歡參與任何活動，看到每件事物，皆覺生趣盎然，每一口菜都好吃，每個女人都美麗，路上每朵花、每根草都是那麼稱心，每個小孩子都那樣可愛。創業人具有積極的態度，必能應付諸般挑戰。

建立積極態度，共有五個祕訣，即使不能做到五個，只要做到其一，也可以把積極性激發出來。

1、快樂

快樂是最完美的情緒。真正快樂的人，決不會傷害別人，他總想把快樂讓每個人分享。從高層次的立場言之，快樂就是最完美的道德。只要你心中快樂，態度就會積極，唯有不快樂的、心中多憂愁的人，態度才會消極。

2、胸襟廣闊

不要把小事記在心上。胸懷廣闊的人，對於小小得失，絕不耿耿於懷，他們經常抬起頭，向前走，吹著口哨，天塌下來也當作被子而已，沒有什麼大不了。失戀、責罵、誣告，都不過是過眼雲煙的事。做生意蝕了本，還可以從頭再來，眼前無論光景如何，都抱著樂觀的心情，總是往前闖。

3、沒有解決不了的事

有些人當困難出現時，就以消極對待，唯有「等死」。這絕不是成功創業者的態度。無論任何困難，你都要設想解決方法，只要有動腦筋思考的意思，潛意識就會運作，一個接一個地解決辦法，會浮現在腦海中。就是不能百分之百地解決，也可以解決九成、八成、七成或六成，甚至五成，只要解決一點，也總比什麼都不幹而澈底失敗要好上百倍。

4、和積極之士交往

處世態度是會傳染的，和仁義之士交往，會感染仁義之風；和殘暴之人結交，態度會變得殘暴；和膽怯者結交，亦容易事事退縮。同樣，和積極之士結交，亦會提高做人處事的積極性。相反，和消極的人結交，就覺得事事都很難成功，就是創業了，也必影響生意，難以成功。

5、接受批評

性格積極的人都知道，他們並不會事事辦得好，想法未必周全，故必須指正批評，才可以改進。他們不以爲批評是攻擊他們，而是給他們自省的機會，幫助他們糾正錯誤，即俗語的「塞錢入你口袋」，有益無害。反之無人批評，任由自己自生自滅，那才要小心呢！

傳遞好消息

我們見到過這樣的場面，突然有一個人說：「我有一個好消息！」所有在場的人都會立即把注意力集中在他身上。好消息不僅能吸引人的注意力，更重要的是使人振奮。使人精神爲之一振。

而事實上，我們聽到的壞消息太多了，好消息卻太少了。正因爲如此，我們不能再這樣下去了。沒有人會因爲他曾傳播過壞消息而贏得朋友、發過財、取得過成就。

帶給你家庭一些好消息，告訴他們今天發生了什麼好事。回憶那些愉快的、趣味無窮的經歷，把那些不愉快的事情拋到九霄雲外去！應宣傳好消息，因傳播壞消息是徒勞無益的，結果只會給你的家庭帶來擔憂、緊張，使他們坐立不安。

記住，只告訴別人你的感覺很好，做一個樂天派！何時何地，只要你有機會，說一聲：「我眞的好舒服！」你會馬上感覺好得多。同樣的道理，如果你總是跟別人說：「我眞難受死了。」那樣你的情況會更糟。感覺如何是由我們主觀上決定的。同樣要記住，人們總是喜歡和充滿活力的樂天派做伴，而討厭那些死氣沉沉的人。

告訴你的同事們一些好消息，有機會就鼓勵他人，讚賞他們。告訴他們公司在做一些有益的事情，聽取他們的意見。熱心幫助他人，贏得他們的支持，讚賞他們的工作，會使他們更充滿希望。讓他們相信你非常需要他們的幫助。安慰那些憂慮重重的人。

每次當你告別一個人時，問問自己：「這人跟我談完話以後感到愉快嗎？」這種自我訓練的方法能保證你走的是一條正確的路。在你和員工、同事、家庭成員、顧客甚至一般的朋友談話時，不妨運用這一方法。好的消息會帶來好的結果，讓我們去宣傳它們吧！

沮喪抑鬱時不可決斷大事

人在感到沮喪的時候，千萬不要著手解決重要的問題，也不要對影響自己一生的大事作什麼決斷，因爲那種沮喪的心情會使你的決策陷入歧途。

一個人在精神上受了極大的挫折或感到沮喪時，需要暫時的安慰。在這個時候，他往往無心思考其他任何問題。當女人受到了極大痛苦後，她竟會決定去嫁給自己並不眞心愛著的男子，這就是一個很好的例子。

男人有時會因爲事業遭受暫時的挫折而宣告破產，但實際上只要他們繼續努力下去，是完全可以成功的。

有很多人在感受著深度的刺激和痛苦時，他們竟會想到自殺。雖然他們明明知道，所受的痛苦是暫時的，以後必然能從中解脫出來。因此，當人們的身體或心靈受著極大痛苦時，他們往往就失掉了正確的見解，也不會作出正確的判斷。

在希望澈底斷絕、精神極度沮喪的時候，要做一個樂觀者，仍然能夠善用理智，這雖是一件很難的事情，但就是在這樣的環境裡，才能眞正地顯示我們究竟是怎樣的人。

那麼，在什麼時候最能顯示出一個人究竟是否有眞實的才能呢？當一個人事業不如意，朋友們都勸他放棄這項工作，說他在做著註定無法成功的事情，說他是多麼的愚蠢時，而他仍然抱著堅毅的精神，努力地工作著，才最能顯出他的眞實才能來。

他人都已放棄了，自己還是堅持；他人都已後退了，自己還是向前；眼前沒有光明、希望，自己還是不懈努力——這種精神，才是一切偉大人物能夠成功的原因。

在日常生活中，我們常可以聽見一些上了年紀的人說這樣的話：「倘使我一開始就努力，即便遇到挫折，但仍舊照著我的志向去做，恐怕已經頗有成就了。」許多人都是在壯志未酬和悔恨中度過自己的晚年，這種悔不當初的懊喪，都是由於他們年輕的時候立志不堅，一受挫折便中止了自己的努力。

不管前途是怎樣地黑暗，心中是怎樣地愁悶，你總要等待憂鬱過去之後，才決定你在重大事件上的步驟與做法。對於一些需要解決的重要問題，必須要有最清醒的頭腦和最佳的判斷力。在悲觀的時候，千萬不要解決有關自己一生轉折的問題，這種重要的問題總要在身心最快樂、最得意的時候去決斷。

在腦中一片混亂、深感絕望的時候，乃是一個人最危險的時候，因爲在這時人最易作出糊塗的判斷、糟糕的計畫。如果有什麼事情要計畫、要決斷，一定要等頭腦清醒、心神鎮靜的時候。

在恐慌或失望的時候，人就不會有精闢的見解，就不會有正確的判斷力。因爲健全的判斷，基於健全的思想；而健全的思想，又基於清楚的頭腦、愉快的心情。因此，憂慮、沮喪時千萬不要作出決斷。

所以，一定要等到自己頭腦清醒、思想健康的時候再來計劃一切。

從從容容做事

有的人遇事總是焦慮不安，一副悲戚戚的樣子。說到底，就是缺少了必要的自信，缺少了一定的心理承受力，不能從容、坦然地處事。

現在有一樁買賣，憑你的直覺也能判斷出這是一件大有實惠的事。當然，這時候你一定會想方設法抓住機會，並且迅速採取行動，以免錯過時機。

當你在努力成就一件事的時候，如果內心焦慮不安，甚至表現出煩躁、悲戚的情緒，草率的態度，你是很可能把事情辦砸。

堅強的意志、積極的思考和有氣勢的行動是賺錢的必要條件。只要有了賺錢的機會，就要用一如既往、無往不勝的精神把它做好。沒有足夠的自信和韌性，而奢談賺錢的事，是毫無意義的。

一件你所感興趣的事，比如一次高效益的經營活動，能使你激動不已，這種體驗是常有的。但越是對人有吸引力的事，由於擔心其失敗，它給人的心理壓力也越大，由此使人焦慮不安，降低自信，導致優柔、急躁的心理狀態和容易驚慌失措的行爲表現。當然，以這樣的心理狀態和行爲表現去賺錢，是註定要失敗的。

要想賺錢，態度不能消極，要意志強烈。穩重從容、認眞實幹，成功率才高。給人造成焦慮不安的原因是精神壓力太大。精神壓力並不總是能防止得了的，但是它的破壞性後果是可以防止的。

由於資金少、幫手少、時間有限，所以一些事情會造成很大的精神壓力。還有一些看上去很小，卻又持續不斷的問題，它們可能會比大規模的危機帶來更嚴重的精神損害。要抗拒精神壓力就不能回避這類問題，必須面對它們，並使它們朝著有利的方向發展。

雖說造成精神壓力的事件可能意味著在一段時間裡要改變原有計畫，但是，在這種事件面前，我們並非一籌莫展。可以採取措施，減少其不良作用，而不是處於被動地位，受這事件支配，以致業務不能正常運作。你可以使用下面三種辦法使精神壓力不致擊垮你。

一、**設法發現最有可能帶來麻煩而又不斷重複發生的問題，為解決這些問題做好計畫**。如果由於原料供應不上而感到困擾，就千萬不要硬用有限的原料苦苦支撐下去，而必須大量地訂貨才行。

二、**對造成精神壓力的事要區別對待，不要讓一件微不足道的小事支配你**。對某些大事怒不可遏、盡情發洩一番是有利健康的。但是，對於每件造成不方便的小事都火冒三丈、大發雷霆就會對業務產生破壞作用。

三、**要透過運動來對抗精神壓力**。運動能增加體力，也能減少常見的心理緊張情緒，從而發揮一種保護作用，防止外來壓力所可能造成的傷害。

焦慮不安的態度於事無補。處驚不亂，認眞而從容的人才會賺錢。相信你一定會明白這個道理。

李嘉誠金言：不能自欺地認為自己具有超越實際的能力，系統性誇大變而成自我膨脹幻象，如陷兩難深淵，你會被動地、不自覺地，步往失敗之宿命。

健康永遠是第一

人要成就事業，除了才能、機遇之外，另外一樣更重要，那就是健康。

心理與身體有著密切的關係，並且相互影響著。有著健康的身體才能保持心理的協調，才能擔負起巨大的壓力。

許多成功者往往以慢跑、游泳等運動來鍛鍊身體。運動與鍛鍊能夠起到轉換情緒的作用。此外，運動還會帶來意想不到的收穫：我們在精神鬆弛的狀態下，有時創造力高度發揮，靈感也就隨之到來。

跑步能使我們情緒高昂，武術能使我們身心協調，舞蹈則會鬆弛我們身心。

大部分人事業有成時約在四十歲或五十歲以後，於是出現了兩種狀況：平時勤於保養身體的，剛好在事業有成的晚年快樂地享受打拚的成果；身體差的人因忙碌過度而一命嗚呼，有的人則纏綿病榻，無法享受到人生的樂趣。

要保持身體的健康，就要注意預防和保健。事實上，我們有很多嚴重影響健康的問題，都可以自我預防。抽菸和不良的飲食及生活習慣減少了數以百萬計人的壽命。這些由長期影響而造成的傷害，到人們警覺時，爲時已晚。

不要讓不良習慣損害了你的健康。養成良好的生活習慣，善待自己的身體，以健康的飲食來取代不良的飲食習慣，並經常進行適宜的運動。如果能做到這一點，你會發現你的身體大有改善，你的精神面貌也將煥然一新。

有時候，我們會覺得身體緊綳，四處疼痛，其實這些原因可能是單純的緊張。解決的方法就是好好地放鬆。給自己一些時間放鬆，去思考你所喜歡的問題。每週幾小時，享受無憂無慮的悠閒。

沒有了健康的思想，就不能擁有健康的身體。當你覺得身體不舒服時，也就不會有健康的心態。所以，我們在工作中要不忘娛樂，以保持身心俱佳的狀態。

在現代社會，健康絕對是第一位的。有健康才有未來，而健康是追得到的，只要你願意，它就可以得到。如何才能擁有健康呢？

首先，不要把「事業」過重地放在心上。因爲這對你會形成壓力，壓迫你去做超負荷的工作。這對身心有很大影響。

其次，調節飲食，養成健康良好的生活習慣。在社會上做事，免不了應酬，這時要特別注意健康的生活習慣，不要過量飲酒。

此外，要多運動，也就是多活動筋骨。「生命在於運動」，沒有必需的運動，健康是很難有保障的。

身體檢查也很重要，這是「定期維修」。提早發現問題，可避免形成大問題，早發現，早治療，早健康。

一旦身體有病，請立即行動，找出問題的原因，並且努力改正它。一旦這麼做了，你會發現，你有更多的熱情與活力去追尋你的理想的人生目標。

簡樸的生活更有趣

提起富豪侈靡的生活，人們總是免不了猜想，但並不是每一個富豪都願意過著這樣的生活，李嘉誠就是這樣一個反潮流而動的人。不少媒體稱，香港的李嘉誠，憑一間小塑膠廠起家、登上香港地產業鼇頭後，至今仍住在二十年前搬進去的老房子裡，還帶著廉價的腕錶，在國外赴約都乘公共汽車前往。他自豪地說：「簡樸的生活更有趣。」這不僅僅是傳聞，而是李嘉誠生活的眞實一面。

在李嘉誠看來，創造財富的快感不是侈靡的生活所能代替的，而作爲一個商人，最重要的是利用財富去造福社會，而不是去塡飽自己的私欲。事實上，與李嘉誠有著同樣思想的人不在少數。

一九八六年十月，美國《富比士》雙月刊宣布：沃爾頓先生名列美國富翁榜首！這則新聞引人注目：沃爾頓原是個經營一角錢商品的小店主，此後雖然財運亨通，小店（後來發展成百貨連鎖商店）越開越多，但都設在小城鎮，其財富怎能超過名震全球的美國石油大亨、汽車大王？此人致富的訣竅是什麼？如今又是何等闊綽？這些問題足以使沃爾頓成爲各家報刊記者追逐的新聞人物。在亂哄哄的追逐中，有個名叫傑米·博利埃的年輕人，以罕見的方式獵獲了一則出人意外的新聞。

這個年輕人欲披露當代美國首富的闊綽，在沃爾頓生日那天，身穿小晚禮服，扮成侍者進入那位富翁的家門。他怎麼也沒想到，呈現在眼前的竟是：一座並不堂皇的住宅，一套並不高雅的家具，一輛舊式小型輕便貨車，還有一條沾滿泥污的獵犬……

首富如此儉樸，聞者無不稱奇！然而，正如李嘉誠所說的那樣，眞正的光輝，往往閃爍於常人的見識中；訣竅的靈光，也頻頻顯現於日常的生活裡。那些純屬生活範疇的奇聞，正好揭示了李嘉誠、沃爾頓，以及其他億萬富翁在事業建樹上的訣竅——勤儉、勤奮、創造是這些人賴以成功的重要因素。

李嘉誠金言：二十歲前，事業上的成功百分之百靠雙手勤勞換來；二十歲至三十歲之間，事業已打下一定基礎，這十年的成就，百分之十靠運氣，百分之九十仍是靠勤奮努力得來；之後，機遇的比例漸漸提高了。

第六章　養成做事的好習慣

時間是最寶貴的

惜時如金是李嘉誠的另一個成功祕訣。現代人個個都在感嘆每天時間不夠用，沒有時間做這個，沒有時間做那個，那麼日理萬機的超人又是如何安排他的時間的呢？

李嘉誠坦言：我每天不到清晨六點就起床了，運動一個半小時——打高爾夫球。晚上睡覺前鐵定是看書的時間。白天精神是很好的，精神來自興趣，你對工作有興趣就不會累。最累的時候是開會，一個發言者講了第一分鐘，你已經知道他要講的內容，可是那個人講了十分鐘，你就會感到很疲倦。因爲無聊和無奈，有時候我要帶花旗蔘去提神。中午我是不睡午覺的，太倦了，會喝點咖啡。兩年前我試過上網，但是上網太花費時間了，一上就是兩個小時，以後就比較少上了，我現在用電腦主要是看公司的資料。

李嘉誠對自己的生活品質有如此評價：我今天的生活水準和幾十年前相比是降低了，年輕時候也曾經想過買點好的東西，但是不久就想通了，只是強調方便，我的穿著可能比一般人還要差一點，我的皮鞋是四百元的，是膠的，手錶是兩百元的，我只求心靈滿足，很開心。我相信一個人的地位高低，要看行為而定，你自己想通了，腦海裡自會別有天地，能超越權勢和卑微。

作為香港人中成功的典範，李嘉誠如是述說他的成功之道：「今天在競爭激烈的世界中，你付出多一點，便可贏得多一點。好像奧運會一樣，如果跑短途賽，雖然是跑第一的那個贏了，但比第二、第三的只勝出少許。只要快一點，便是贏。」在這個被李嘉誠比喻為賽跑的商業競爭過程中，時間永遠是最可寶貴的，用李嘉誠的話說，如果在競爭中，你輸了，那麼你輸在時間；反之，你贏了，也贏在時間。

精明地利用時間

汽車大王亨利・福特說過一句話：「根據我的觀察，大多數人的成就是在別人浪費掉的那些時間裡取得的。」這句話說明瞭我們要創業還必須做的一件事：善於利用時間。

成功人士能夠意識到時間的寶貴。人生是由我們在世上擁有的有限時間構成的。雖說時間有限，但怎樣利用它卻是可以由自己操縱的。威廉・沃德說：「我們不做時間的主人，就要做時間的奴隸；我們若不利用時間，時間就會把我們耗盡；成功者與不成功者之間的差別不是他們擁有的時間多少——因爲每個人每天都有二十四小時——而是如何利用。」

要精明地利用時間，最重要的措施之一是大大地減少浪費掉的時間。因此我們要注意，莫讓寶貴的時光在你不知不覺中溜走了，通常要警惕以下幾個因素。

1、懶惰

善用時間就是善待生命。許多人很難使自己每一天都朝著正確方向前進。有些人的弱點是積極性不高，有些人的問題是對自己的要求不高，而最致命的是惰性，要克服惰性，我們必須及早開始行動，因爲你會突然意識到因爲開始太遲而無法完成當天想做的事，這是最令人失望的。許多人在意識到時間不夠而無法完成他們計畫的事時，乾脆放棄努力，什麼也不做。那麼解決問題的辦法就是「笨鳥先飛」。

2、拖遝

辦事拖遝的人，他總是在浪費大量的寶貴時間，這種人做事時要花許多時間來考慮這個擔心那個，找藉口推遲行動，最後又爲沒有完成任務而悔恨。其實在這段時間裡，他們完全可以完成一項工作而開始另一項工作了。

要克服拖遝的弱點，要求我們必須養成好習慣。因爲一個慣於辦事拖遝的人是很難改變其以前的工作模式的。如果有這個毛病，必須重新訓練自己，用好習慣來取代拖遝的壞毛病。每當你發現自己又有拖遝的傾向時，靜下心來想一想，確定你的行動方向，然後要求自己盡快完成這項任務，定出一個最後期限然後努力遵守，漸漸地，你拖遝的習慣必會改變，工作效率必將提高。

3、做白日夢

一名畫家有這樣一幅作品，畫的是喧鬧的街道，川流不息的車流，每人的臉上都很忙碌的樣子。在這一派繁忙的景象中，有一個人彎著腰，樣子很失望。在他下面有一行字：「尋找昨天。」其實，我們中的許多人就像這個人一樣，老是想著過去犯過的錯或失去的機會。其實不必回想過去，也不要作未來的夢。逝去的不會回來，白日夢也無法實現。浪費在空想中的每一刻若被投入到實際的工作中去，你會發現許多意外的收穫。

要有效地充分利用時間，一定要學會統籌時間的方法。許多人在處理日常事務時，以爲只要時間被工作塡得滿滿的就很好了。其實不然，一個追求成功的人必須用分清主次的辦法來統籌時間。

⑴確定主次：在我們有很多事要做時，應分清主次。有些事是你必須做的，而有些卻並非如此。並非非做不可或不是一定要你親自做的事情，你可以委派別人去做，自己只負責監督其完成。

⑵訂定進度表：把你要做的事情和可利用的時間安排好，對於你的成功至關

重要。這樣可以讓你每時每刻都集中精力處理要做的事。你不僅可以訂定日進度表，還可以訂定週進度表、月進度表、年進度表。這樣做能給你一個整體方向，使你看到自己的宏圖，有助於你實現目標。

李嘉誠金言：不要嫌棄細小河流，河水匯流，可以成為長江。

習慣的巨大作用力

好的習慣使人立於不敗之地，壞的習慣能把人從成功的天堂上拉下來。美國前第一富豪保羅・蓋帝對此有過深切的體會。

有個時期，蓋帝的香菸抽得很凶，有一天，他開車經過法國，那天正好下著大雨，地面特別泥濘，開了好幾個鐘頭的車子之後，他在一個小城裡的旅館過夜。吃過晚飯他便到自己的房裡，很快便入睡了。

蓋帝清晨兩點鐘醒來，想抽一支菸。打開燈，他自然地伸手去找他睡前放在桌上的那包菸，結果是空的。他下了床，搜尋衣服口袋，結果毫無所獲。他又搜索他的行李，希望在其中一個箱子裡，能發現他無意中留下的一包菸，結果他又失望了。他知道旅館的酒吧和餐廳早就關門了，心想，這時候要把不耐煩的門房叫過來，太不堪設想了。他唯一希望能得到香菸的辦法是穿上衣服，走到火車站。但它至少在六條街之外。情景看來並不樂觀。外面仍下著雨，他的汽車停在離旅館尚有一段距離的車房裡，而且，別人提醒過他，車房是在午夜關門，第二天早上六點才開門。而這時能夠叫到計程車的機會也幾乎等於零。顯然，如果他眞的這樣迫切地要抽一支菸，他只有在雨中走到車站。但是要抽菸的欲望不斷地侵蝕著他，他想抽菸的欲望就越濃厚。於是他脫下睡衣，開始穿上外衣。他衣服都穿好了，伸手去拿雨衣，這時他突然停住了，開始大笑，笑他自己。他突然體會到，他的行動多麼不合乎邏輯，甚至荒謬。

蓋帝站在那兒尋思，一個所謂的知識份子，一個所謂的商人，一個自認爲有足夠理智對別人下命令的人，竟要在三更半夜，離開舒適的旅館，冒著大雨走過好幾條街，僅僅是爲了得到一支菸。

蓋帝生平第一次注意到這個問題：他已經養成了一個不能自拔的習慣，他願意犧牲極大的舒適，去滿足這個習慣。這個習慣顯然沒有好處，他突然明確地注意到這點。頭腦很快清醒過來，片刻就作了決定。

他下定了決心，把那個仍然放在桌上的菸盒揉成一團，丟進廢紙簍裡。然後脫下衣服，再度穿上睡衣回到床上。帶著一種解脫，甚至是勝利的感覺，他關上燈，閉上眼，聽著打在門窗上的雨點。幾分鐘之內，他進入一個深沉、滿足的睡眠中。自從那天晚上後他再也沒抽過一支菸，也沒有抽菸的欲望。

蓋帝說，他並不是利用這件事指責香菸或抽菸的人。常常回憶這件事，僅僅是爲了表示，以他的情形來說，他那時已被一種惡劣習慣制服而且到了不可救藥的程度，差一點成爲它的俘虜！

常常做一件事就會成爲習慣，而習慣的力量的確大極了。但是人類也有一股不小的緩衝能力，人類既然有能力養成習慣，當然也有能力去除他們認爲不好的習慣！

舉例說，一個商人有樂觀和熱忱，這對自己是有幫助的。它會使工作較優良、較容易，而且也會激勵和鼓舞他的同僚和下屬。但是，習慣性的樂觀和熱忱，往往會造成危險的甚至是不堪設想的過度樂觀和過度熱忱。美國有一個商人，名叫史密斯。他的樂觀，對他建立的幾個工廠很有助益，也幫他賺了許多錢。不幸的是，史密斯所有做生意的經驗都是從旺季得來的，因而，他的樂觀看法和希望，也都是在旺季的市場下一一實現的。

後來，突然轉換到經濟比較蕭條的時期。這種時候，有經驗的商人，或多或少都會收斂一點，節省開支，小心翼翼地等待著經濟狀況改觀。

然而，史密斯完全沒有辦法適應這種新的情況，過分樂觀的習慣已牢不可破，在應該踩剎車的時候，他卻仍舊一如既往加足油門往前衝，並且非常自信地認爲前途似錦呢！

經過一段很短的時間，史密斯已沒有辦法在那種情況下生存了——他過度發展自己的事業，結果破產了。

由此可見，習慣的力量是多麼的大，它既可導致一個人的事業走向成功，亦可導致它走向毀滅。

好習慣是生活航道的指示燈

在現代社會中，什麼都在變，明天的世界和今天就可能不一樣，我們不得不每天面對生活對我們的挑戰，你也許會因爲整日的奔波心力交瘁。不，我們要用良好的習慣來迎接生活給我們的壓力和挑戰，在現代生活的大潮中穩穩地駕駛生活的方舟。

習慣是生活中相對穩定的部分，每天我們要讀書，要跑步，要聽音樂，要打球，這些都是在某個相對固定的時間來做的。其他的時間所做的事可能每天都有不同。當你忙碌了一天後，想起自己的書本和球拍，心中猶如點燃了一盞明燈，儘管很累，但它們能讓你擺脫日常生活的喧囂，尋找到片刻寧靜，猶如一艘遠航的船可以停泊靠岸，過一種別有情調的生活。

習慣是從環境中成長出來的——以相同的方式，一而再，再而三地從事相同的事情——不斷重複——不斷思考同樣的事情——而且，當習慣一旦養成之後，它就像在模型中硬化了的水泥塊——很難打破了。

習慣也是一位殘酷的暴君，統治及強迫人們遵從它的意願、欲望、嗜好，抵制新的思想和事物，人類的歷史就是在和習慣和偏見的鬥爭中展開的。

習慣是一條「心靈路徑」，我們的行動已經在這條路上旅行多時，每經過它一次，就會使這條路徑更深一點。如果你曾經走過一處田野或經過一處森林，你就會知道，你一定會很自然地選擇一條最乾淨的小徑，而不會去走一條荒蕪小徑，更不會橫越田野，或從林中直接穿過。

要除掉舊習慣，最好的方法是培養新習慣、開闢新的心靈道路，並在上面走動以及施行。舊的道路很快就會遺忘，而且，時候一久，將因長期未使用而被荒草淹沒。每一次你走出良好的心理習慣的道路，都會使這條道路變得更深更寬，也會使它在以後更容易走。這種心靈的築路工作，是十分重要的。

想到就做，不要等到明天

你需要特別重視「想到就做」這一方法。通常你把工作推給明天或下個明天，零碎事務因而堆積起來，便會顯得雜亂無章。要想從一大堆雜亂的事情中找出一件是很費力的。不僅那項工作等在那兒，而且把它找出來又成了一個包袱。與此相反，如果你養成想到就做的習慣去處理檔，那麼，你就避免了重新找材料的麻煩，從而節省大量時間和精力。

這種方法的另一形式是：你若有一件事要做或一封信要回，那就在下次一看見它就去做，而不要把它丟回去。或者你可以用彩色的鉛筆把限期寫上去，以便在接觸這件未做的事情時能清楚地回想起來。

每天都有許多人把自己辛苦得來的新構想取消或埋葬掉，因爲他們不敢執行，而創意只有在眞正實施時才有價值。

對於每一個經歷過中學階段，甚至大學階段的年輕人來說，英語學習尤其需要記憶。背誦那些枯燥乏味的英語單字，何嘗不是像賺錢要從一分一厘地做起一樣?無論哪一種語言,單字都是構成語言這座大廈的基本單位,要熟練地學習運用,就必須牢記大量的辭彙。如果不是爲了應付考試,而是爲了交際溝通的需要,試想我們一天記住兩個單字,記住它的發音、用法,那麼國中三年就能掌握兩千一百九十個單字;高中三年又掌握兩千一百九十個;再經過大學四年學習兩千九百二十個,總共十年時間將掌握七千三百個單字,加上合成詞構詞法,由這七千三百個辭彙我們至少掌握了一萬多個單字,這樣的辭彙量已經遠遠滿足了我們日常交際需要。然而事實上我們當中大多數人都做不到這一點,個中原因是我們沒有足夠的耐心和毅力去做好一天記住兩個單字這樣的小事情。當然,掌握一門外語不僅僅是一天記兩個單字那麼簡單,但記單字卻是最基本的。

記住下面的兩種作法:

第一,切實執行你的創意,以便發揮它的價值。不管創意有多好,除非眞正身體力行,否則永遠沒有收穫。

第二,實行時心理要平靜。拿破崙·希爾認爲,天下最悲哀的一句話就是:我當時眞應該那麼做卻沒有那麼做。

每天都可以聽到有人說：「如果我某某年就開始那筆生意，早就發財嘍！」或「我早就料到了，我好後悔當時沒有做！」一個好創意如果胎死腹中，眞的會叫人嘆息不已，永遠不能忘懷。如果眞的澈底施行，當然也會帶來無限的滿足。

你現在已經想到一個好創意了嗎？如果有，現在就去做。

李嘉誠金言：投入工作十分重要，你要對你的事業有興趣；今日你對你的事業有興趣，工作上一定做得好。

不珍惜時效就不能獲得成功

善於經營的商人把時間看得比金錢更寶貴，所以能夠將時間做到最大限度的充分利用。李嘉誠就是這樣一個惜時如金的人，在他成功投資的若干緊急關頭，正是靠著這種對時間的精確把握，從而一舉戰勝對手，獲得最大的經濟效益。

李嘉誠指出，一個商人，在接洽商務時，在椅子上不慌不忙地撇開正話不講，而只談他隨時想到的不相干的話，是絕對不能成功的，因爲他太遲緩。

李嘉誠最厭惡的，就是那些說話不著邊際，講冗長的客套話、無謂的廢話的人。有種人說話簡直是抓不住重點，他們說話像小狗兜圈子一樣，轉了六七次，依舊歸到原地。種種冗長無謂的言語，可以使人聽得厭煩。正因爲如此，李嘉誠平時惜時如金，很少長篇大論，而必要的商業應酬也總是能短則短，能少則少。

李嘉誠指出，從事商業的人，需要有春宵一刻值千金的惜時觀念，他們往往具有男性氣概，不捨得在細節上浪費時間，如果連職員的小動作都要干涉的話，這樣的人絕對無法做個理想的老闆。因此，李嘉誠總是將公司經營的許多事情都交給底下的助手去辦理，對於確定好的投資或經營計畫，他總是充分信任下屬，而從不干預。他自己則總是將重大的經營決策進行反復斟酌，直到自己作出決定爲止。正是靠了這樣的高效率工作才節省了自己的寶貴時間，使得規模龐大的和記黃埔和長江實業公司得以高效地運轉。

像鐘錶一樣準時

成功的人士都是掌握並運用時間的高手，他們深深懂得珍惜時間的重要性。在他們的眼中，時間是所有物品中最有價值、最值得去珍惜的東西。也正因爲時間是一種不可再生的資源，所以更顯得它可貴。

科學家們永遠不會找到一種時間的替代品。當我們的時間用完時，我們也就不存在了。時間時時刻刻都很重要。它往往是各種問題、各種場合的核心，是關鍵，在社會交際中尤其如此。談判時，你是否能按時坐在談判桌前；上班時，你能否準時坐在你的辦公桌前；約會時，你是否能按時到達約會的地點……假如你在這些時候、這些場合錯過了時間，那麼你很有可能失敗。

像大多數商品一樣，時間的價值取決於供給和需求的大小。如果石油能供應無缺，它就不會這樣昂貴。就像我們很多人都認爲水幾乎沒有什麼價值，但對沙漠中的人來說，水可是一項寶貴的財富。對於有些人來說時間如白駒過隙；對有些人來說又度日如年。這是因爲時間是由過去的成就來衡量的。

有些人回首往事，自己一事無成，沒有什麼成就，而且自感一生之中所做之事缺乏意義，缺少興趣，這類人感到日子消逝得太慢。而有些人則不同，在他們的記憶中，充滿了令人滿足的活動。有成就的人會覺得他們度過了一段充實而愉快的時光。時間不能以分鐘、小時或時日來看待，而是換化爲各個事件和不同的經歷時才會眞實地具體地存在。

時間是金錢，時間是幸福，時間是生命。

有的人因工作忙，接待客人的時間都受到限制，對於這樣的人來說時間是生命。你如果在應約的時間沒到，你就失去了這次交往的機會，並且可能永遠失去了和這個人交往的機會。你沒到，別人卻在等你，這種等待是不公平的，是浪費別人的生命。假如你因急事或意外事故不能按預約的時間到達目的地，你應該打電話告訴別人，或在手機上留言。爲了不影響別人的工作或其他安排，在約定時間也可採用彈性時間，比如說下午三點半到四點之間，這樣被約者也可安排一些放鬆性的活動。總之在交往中守時是一個人品格和作風的一種表現。一個不守時的人給人留下的印象是不可靠，僅此一點，你也就失去了與人建立深入交往的基礎。一個人守時首先是言而有信、尊重他人的表現。

現在就業已成爲社會的焦點問題，每年有成百萬的人求職，在求職過程中都要有面試、筆試這樣的程式。如果你未準時赴試，那麼，你和其他的競爭者相比，你已處於劣勢了。這種情況，最好是提前到場，然後按用人單位的安排完成自己該做的事。千萬不可因兩分鐘之差，而丟掉就業的機會，這是很不划算的。

在交際中所有的事情都離不開約時間，遲到是辦事拖遝、不幹練的表現；無故不去是拒絕的表示；在交談中語無倫次、拖延時間，是一種胸中無數的表現，所以要不遲到、不拖延，定時、定點地按預期計畫進行。

做生意篇

一個有生意頭腦的人，一個能洞察行情的人，一個有著良好人際關係的人，一個具有良好經商心態的人，一定會在商場上左右逢源，穩步發展，財源廣進。這就是李嘉誠成功做生意的奧祕。

第七章　生意場待人之道

與人為善才能財源廣進

古代有「和氣生財」的說法，這裡的「和」就有「與人爲善」的含義。李嘉誠正是這樣一個深得和氣生財要訣的聰明人。

「要照顧對方的利益，這樣人家才願與你合作，並希望下一次合作。」追隨李嘉誠二十多年的洪小蓮，談到李嘉誠的合作風格時說，「凡與李先生合作過的人，哪個不是賺得荷包滿滿！」

香港廣告界著名人士林燕妮對此更有深切體會。她因主持廣告公司，曾與長實有業務往來。廣告市場是買方市場，只有廣告商有求於客戶，而客戶絲毫不用擔心有廣告無人做。這樣，自然會滋長客戶尤其是像長實這樣的大客戶頤指氣使、盛氣凌人的氣焰。

林燕妮回憶道，頭一遭去華人行的長江總部商談，李嘉誠十分客氣，預先派了穿長江制服的男服務生在地下電梯門口等我們，招呼我們上去。

電梯上不了頂樓，踏進了長江大廈辦公廳，更換了個穿著制服的服務生陪著我們拾級步上頂樓，李先生在那兒等我們。

那天下雨，我的一身被雨水淋得濕漉漉的，李先生見了，便幫我脫下外衣，親手替我掛上，不勞服務生之手。

雙方做了第一單廣告業務後，彼此信任，李嘉誠便減少參與廣告事宜，由洪小蓮出面商談下一步的售樓廣告。

有時開會，李先生偶爾會探頭進來，客氣地說：「不要煩人太多呀！」我們當然說：「愈煩得多愈好啦，不煩我們的話，不是沒生意做？」

加拿大名記者 John Demont 對李嘉誠的爲人讚嘆不已：「李嘉誠這個人不簡單。如果有攝影師想爲他造型攝像，他是樂於聽任擺布的。他會把手放在大地球模型上，側身向前擺個姿勢……」

李嘉誠的「與人爲善」，更多的是他所受的傳統文化的薰陶，以及父母對他的諄諄教誨。而難能可貴的是，李嘉誠將他與人爲善的哲學眞正落實下來，並堅持下來了。

> 李嘉誠金言：人要去求生意就比較難，生意跑來找你，你就容易做。那如何才能讓生意來找你？那就要靠朋友。如何結交朋友？那就要善待他人，充分考慮到對方的利益。

聽得進勸告

任何一件事情的完成，絕對不可能是單獨一人的力量所造成的，即所謂眾志成城。

凡是參與這件成功事業的人，都是我們的夥伴和朋友，跟我們息息相關。可是我們卻常常有意無意間失去了朋友。要知道，損失一個朋友像損失一條胳臂。

時間雖可使創口的痛苦減除，但失去的永不能補償。尤其失去一位好友是相當遺憾的一件事。

我們務必要深深地檢討：爲什麼會失去我們的朋友呢？

可能是他們發現了我們的缺點多得使他們吃驚，錯誤大得使他們無法容忍，雖然他們再三規勸，可是我們仍然是我行我素，絲毫沒有改過的意思，他們在失望之餘，悄然離開了。當我們發覺時，已經失去了一位朋友。

知道嗎？那些私下忠告我們，指出我們錯誤的人，才是眞正的朋友。因爲他們爲我們著想，才甘冒不韙，希望我們改善無法立足於社會的缺點。這樣的朋友，我們應該緊緊抓住，好好的跟他相處，多從他們那裡得到忠言。

但是，大多數人的耳朵是聽不進刺耳忠言的即所謂「忠言逆耳」。人們一般都喜歡聽到阿諛、讚美，喜歡戴高帽，以致分不清是眞是假，陶醉在美麗的謊言中。一聽到刺耳的眞心話，便認爲這個朋友故意揭他的瘡疤，有意跟他過不去，嘴裡不說，心裡不服，漸漸躲避那個朋友了。

請轉換一個角度想想，假如我們有這樣一個朋友：他喜歡說謊，不守信用，很多朋友都對他的缺點感到不滿。我們怕他如此下去，會失去很多朋友，而陷於孤立。於是基於一片好心，誠誠懇懇地勸告他，希望他知道自己的過失，下決心改過。我們把他當作自己的親兄弟般，懷著「人溺己溺，人飢己飢」的心裡，苦口婆心地規勸他。

儘管我們說得非常誠懇，非常得體，但一語道破他的隱私，一下子觸著他的瘡疤，他是會感到痛楚的。如果他能夠忍著痛楚，立下決心改過，我們會很高興。因爲我們的勸告發生了作用。使一個不守信用的朋友變好，如同老父親看見浪子回頭般，既難過又歡喜。

反過來，假如我們的朋友對我們的勸告感到不滿，認爲我們是存心揭他的瘡疤，因而態度惡劣，出言不遜，相信我們會難過得勃然而起，拂袖而去。同理，我們如果用這種態度來對待敢於規勸我們的朋友時，我們等於是「自絕於人」，從此失掉一位好友了。

生意場上的人應明白：那些私下告訴你錯誤的人，才是你眞正的好友！

看不順眼的事不要太多

社會上讓人看不順眼的東西比較多，但在一個人的眼裡看不順眼的事太多，那就有點不大正常了。當他很隨意地對周圍的人和事品頭論足、說三道四的時候，很可能在別人眼裡，他才是最讓人看不順眼的。

有些人往往喜歡盯著別人的缺點，對他人的不足很敏感，很有觀察力，但對別人的優點卻視而不見，甚至會光憑想像地大談別人的缺點。在街上看到一個塗著口紅的女孩，他會馬上對邊上人說：這種人太俗氣了，一點都不懂高雅。在他眼裡，這個世界的一切人和事都應該和他自己想像的一模一樣。

有這種傾向的人也可能是爲了故意顯示自己有思想、有個性。只要有人在場，他就會故意找出一些「不順眼」來，大談特談，當然在場的人是越多越好。他會談這個世道是如何不公平，那些領導人物是如何無能。實在沒話好講，他也會說上一句「那個○○○動作是多麼笨拙」。似乎如果讓他來，這個世界會馬上變個樣。當然，有時候，他會爲了投同伴的口味而故意「發表高見」。

有這種傾向的人更可能是出於嫉妒，出於不得志，人在不得志的時候是會發些牢騷，在嫉妒的時候也會說些難聽的話，但一個人動不動就嫉妒，動不動就覺得不得志，那就有些不正常了。看到鄰居換了間大房子，就會十分肯定地說「起碼有一半錢是貪污的」，看到部門裡的小夥子被提升了，又會逢人便說「不知走了多少後門」。

一個人如果看不順眼的東西太多，那他肯定沒有好的人緣。面對一個動不動就說人風涼話的人，你自然會擔心，說不定哪一天他也會在背後說你的風涼話。這樣，誰還敢和他深交？「看不順眼」的人總會自己把自己拖入一個孤獨的境地，也會被別人看作一個性格怪異的人，一個缺少人情味的人。

要試圖改變這種心理，首先要試著讓自己多看別人的優點，多替別人著想，多去理解別人。也可以試著換位思考一下。有時候要替別人想想難處，一個主管見到上級總會滿臉堆笑地恭維一番，這不能一概以「虛僞」定論，換了你也許也會這樣，說不定你還是有過之而無不及。其次，心裡要明白一個道理：你看人家不順眼，別人也會看你不順眼。你多看別人的優點，人家也會多看你的優點。這可謂人際交往中的「等價交換」原則。

李嘉誠金言：在「卓越」與「自負」之間取得最佳平衡並不容易，因為「有信心」、「勇敢無畏」也是品德，但沉醉於過往和眼前成就、與生俱來的地位或財富的傲慢自信，其實是一種能力的潰瘍。

爽快的人能賺大錢

除了具有原諒他人過錯的度量，也要具有讚美他人之心。

經商者需有果斷力，因此，對於做事猶豫不決的人，非常不合適經商。一個人如果不具備迅速判斷、快速下決心的性格，是無法將生意做好的。所以，有些個性豪爽的企業家，常能幹成大事。人的判斷，有時正確，有時錯誤，這些企業家敢大膽地採取行動，實在令人佩服。

一個商人，在接洽商務時，坐在椅子上，不慌不忙地撇開正題不講，而盡談些不相干的話，這樣的商人，在他的經營上，是絕對不可能成功的。因爲他太遲緩，太不經濟了。現代的商業是瞬息萬變的。所以商業談話中的每句話，都應該針對業務本身而發，時間才不致浪費。

商人最厭惡的，就是與那些說話不著邊際、節外生枝，喜用冗長的客套語、無謂的廢話的人做買賣。「那個人眞是個爽快的人……」這種話常常被用來形容成功的企業家或商人。

從事商業，需要用人的機會較多。企業家最好具有豪爽的氣概，如果連職員的小動作都要干涉的話，絕對無法做好理想的事情。

當一個好聽衆

人類的頭腦事實上就像一部能收能放的通訊機，聲音爲播放自己創意的發報器，耳朵為接收別人創意的收報器。需注意的是，此兩者不可能同時發揮作用。

1、勿小看「聽」的作用

有人曾說過：「嘴張開時，心是閉著的。」

這句話用來說明前面通訊機的原理是再適合不過的了！你必須時常將這句話謹記在心，並且用繩子綁住自己的舌頭，讓耳朵能盡量發揮其聽的能力，同時把所聽到的寶貴資訊深留在腦海之中。

相信從前面你已經充分體會到把自己的創意放出讓別人收到的重要性，發報機便是將你的創意送出去的最好工具。但在這種前提之下，聽的重要性往往容易被忽略。致使因誤聽或聽覺錯誤而招致損失。所謂誤聽，就是沒聽清楚對方所說的話或誤解了對方話中的意思，在這種情況下，極容易誤事，不得不慎！

也許有人認為這是杞人憂天。但聽的確是人們必須具備的技術，否則就無法聽懂別人所說的話或從別人身上學到東西。缺乏聽的能力，會使你在攀成功階梯時倍感吃力。

2、擅長聽者容易交上朋友

人們都喜歡自己的聲音，當他們希望別人能分享自己的思想、感情以及經驗時，就需要聽眾。這是十分微妙的一種自我陶醉的心理：有人願意聽就覺得高興，有人樂意聽就覺得感激。

成爲一名好的聽眾在企業界能發揮很大的功效。譬如說，一名推銷員向某位顧客推銷時，對顧客的生意提出種種問題以表示關切，顧客就會感到很開心。見到此狀，便應進一步表現出自己是很好的聽眾，此時，顧客不僅樂意講，也願意讓你聽他講，這是一種互惠的關係，而這種關係就是商談成功的第一步。無論是哪一種顧客，對於肯聽自己說話的人都特別有好感。

一言以蔽之，成爲一個好的聽眾，即向成功邁進了一大步。

3、擅長聽，工作較順利

在生意上，因漏聽而遭致失敗的例子相當之多，換言之，漏聽所造成的失敗幾率相當大。因爲，上級有指示下來時，若沒有聽清楚或有所誤解，事情就無法處理得盡善盡美。沒有做到盡善盡美，當然就不能算是成功。因此，你應該訓練自己「聽」的能力，努力使自己不致因發生聽覺上的錯誤而導致失敗。如果你現在還不具備這種能力，立刻開始培養，還不算太遲。

4、能聽的人也能學

充實、整頓「精神圖書館」很重要，「精神圖書館」書架上的書愈多，愈表示一個人達到成功的能力愈大。而獲得新知最快的方法，就是聆聽別人說話。利用這種方式，各行各業的成功人士都會願意將自己多年奮鬥所累積的經驗及所體會出的訣竅悉數相授。也因爲如此，具有好奇心又擅長聽的人學習起來總比別人快。

給人快樂

每個人都有享受快樂生活的權利，而給朋友帶來快樂的人自己就擁有了雙重的快樂。你願不願意學做一個快樂的人？

快樂的人能以自信的人格力量鼓舞他人。自信是人生的一大美德，是克敵制勝的法寶。在社交中，和一個充滿自信心的人在一起，你會備感輕鬆愉快。充滿自信的人即使遇到困難挫折，也會以樂觀自信的態度去克服。這種人格力量本身對別人也是一種鼓舞。

快樂的人能用富有魅力的微笑感染別人。人人都希望別人喜愛自己、重視自己。微笑能縮短人與人之間的距離，融化人與人之間的矛盾，化解敵對情緒。生活中沒有人會拒收微笑這一「賄賂」。

快樂的人能不惜代價讓對方快樂起來。誰不希望自己快樂？如果你是能給對方帶來快樂的人，你也會是一個受歡迎的人。爲了使對方快樂，你應多尋找一些引起人快樂的方法，有時，爲了讓別人快樂，可以不惜一切代價。

快樂的人能用幽默讓尷尬場合引發笑聲。幽默是快樂的槓桿，是生活幸福的源泉，是社交的潤滑劑。應付日常生活中最讓人傷腦筋的尷尬局面，最神奇的武器往往是幽默，幽默的語言常常給人帶來快樂。你要推銷你的快樂，最好的方式就是幽默。

快樂的人能說出令人高興的話語。讓人喜歡與你交談的前提是能使談話順利地進行下去，重要的是選擇符合對方興趣、年齡、工作的話題。例如，對於女性，問人家「有男朋友了嗎？」「今年幾歲？」人家只能認為你是「神經質的人」。若有位男士對你刨根問底，那你一定也不會對他產生好印象。所以在開始談話時應先問：「怎麼樣，喜歡棒球嗎？」、「這件衣服非常好看呀！」等等對方感興趣或嗜好的事情，從對方感興趣的觸發點開始進入話題。

因此，一定要避開以身體的某一特徵為話題的談話。必須注意不要談論身體太胖啦、頭髮太少啦等對方比較在意的東西。另外還應避開政治、宗教、思想等方面的話題，因為每一個人都會有不同的生活方式和想法。

如果你想要自己快樂，也能使別人快樂，那麼你要經常自我檢查一下，你是否話說得太快？如果是，可能會給聽眾一種神經質的印象；你是否講得太慢？如果是，可能會給聽眾一種你對自己所講的話題缺乏把握的印象；你是否含糊其辭？這是一種缺乏安全感的明確標誌；你是否用一種牢騷的語調說話？這是一種自我放任和不成熟的標誌；你的聲音太高而刺耳嗎？這是神經質的又一種標誌；你用一種專橫的方式說話嗎？這意味著你是固執己見的；你用一種做作的方式說話嗎？這是一種害羞的標誌。

快樂的話語是誠摯自然的，包含著信心與精力，還隱含著一種輕鬆的微笑。如果你掌握了這個訣竅，那麼你的朋友和你都會快樂似神仙。

做一個喜相的人

在業務往來和社交場合中，笑能帶來許多意想不到的效果。笑，使人變得善良友好；笑，讓人覺得喜慶吉祥；笑，讓人感到親切自然；笑，表明你的心胸坦蕩。所以，當你笑的時候，別人才會把你當作朋友，才能向你敞開心胸。

到某公司找人時，對所見到的第一個人包括收發室的人微笑，笑得謙虛熱情，表示對他給你的幫助致以謝意。看到他們公司的裝潢，要從心裡有一種讚賞之情。在見到要找的人後，要非常高興，然後把對他們公司的外部環境所留給你的好印象告訴對方，並對對方在如此優美的環境裡工作，表示羨慕。如果在見到要找的人之前你曾問過幾個人，那麼也要告訴對方，他們單位的每一位都熱情而彬彬有禮，你羨慕他們這裡的同事情誼。你這種歡樂的心情和對他們單位的讚賞都會給對方帶來好情緒，他會在這一天當中都有一種特別高興的感覺，會一直想著你這個非常「喜相」的、讓人感到快樂的客人。對方高興了，在與他談業務時就會有一個很好的氣氛。

說話時要把每一句話都說得很輕鬆，即使是一些很重大的問題也要用一種輕鬆自如的口氣，面帶微笑地講出來。

如果遇到敏感、難講的問題，與對方談論時，可以趁雙方哈哈大笑時，一點一點地提出來，把這個對方容易拒絕的問題一點一點地融化在笑聲裡，就像往熱水裡加冷水一樣。在水沸之後注入一點冷水，溫度一會兒就上去了。然後再一點一點注進去，水便總是熱的。如果一下注入很多冷水，熱水變涼了，要再熱就需等一段時間。因此，對於不易解決的問題，一定要在雙方高興時提出來，而且不要著急，要一點一點地提，這樣問題就容易解決了。

積善必有善報

古人云：「上善如水」。從小受到家庭儒家思想薰陶的李嘉誠十分信仰儒家有關道德的思想和論述，他指出，無論是作爲一個人還是作爲一個商者，道德始終是第一位的。他認爲，包括他本人在內所獲得的成績都是一種個人道德乃至社會道德規範的結果。爲此，他經常向人提到少年時受人恩惠的事情：

有一次，李嘉誠忘了侍候客人茶水，他聽到大夥計叫喚，慌慌張張拎茶壺爲客人倒開水，不小心灑到茶客的褲腳上。

李嘉誠嚇壞了，木樁似的站在那裡，一臉煞白，不知如何向這位茶客賠禮謝罪。要知道茶客是茶樓的衣食父母，是堂倌侍候的大爺。若是挑剔點的茶客，必會甩堂倌的耳光。

李嘉誠誠惶誠恐，等待茶客怒罵懲罰和老闆炒魷魚。因爲在李嘉誠來之前，一個堂倌犯了與李嘉誠同樣的過失，那茶客是「三合會白紙扇」（黑社會師爺）。老闆不敢得罪這位「大煞」，逼堂倌下跪請罪，然後當即責令他滾蛋。

這時，老闆跑了過來，正要對李嘉誠責罵。一件意想不到的事發生了，這茶客說：「是我不小心碰了他，不能怪這位小師傅。」茶客一味爲李嘉誠開脫，老闆沒有批評李嘉誠，仍向茶客道歉。

茶客坐了一會兒就走了，李嘉誠回想剛剛發生的事，雙眼濕漉漉的。事後，老闆對李嘉誠道：「我曉得是你把水淋了客人的褲腳。以後做事千萬得小心。萬一有什麼錯失，要趕快向客人賠禮，說不定就能大事化了。這客人心善，若是惡點的，不知會鬧成什麼樣子。開茶樓，老闆夥計都難做。」

回到家，李嘉誠把事情說給母親聽，母親道：「菩薩保佑，客人和老闆都是好人。」她又告誡兒子：「種瓜得瓜，種豆得豆」；「積善必有善報，作惡必有惡報」。從此，李嘉誠牢記了母親的話，他將那位茶客的善心和善舉銘刻在心，一方面作爲自己行爲的榜樣，另一方面夢想著有著一日找到這位好心的茶客，爲他養老送終。

這種道德規範也影響到了李嘉誠的商業行爲之中，人們總是將李嘉誠的商業收購當作一種善意收購，事實上李嘉誠也是本著善意收購這一原則進行的。他收購對方的企業，必與對方進行協商，盡可能通過心平氣和的方式談判解決。若對方堅決反對，他也不會強人所難。這可以看作是商業基本道德在李嘉誠身上的表現吧！

用信任換取信任

信譽是做人的美德。在社會上失去信譽後，別人便不敢再輕易相信你，因而也不敢輕易與你來往，這就造成了與人相處的尷尬。

孔子的學生曾參很重視子女的教育問題。一次，曾參的妻子要去集市買東西，她的兒子也要跟著去。

曾參的妻子說：「聽話，好孩子，媽媽回來後讓你爹爹給你殺豬吃。」

兒子聽後，改變了主意。他把這個消息告訴了父親。

妻子從集市回來後，見曾參正準備殺豬，他的妻子說：「我只是跟孩子說著玩，你怎麼能當眞呢！」

曾參說：「孩子是不能隨便跟他說著玩呢。小孩子沒有爲人處世的經驗，都是跟我們父母學的。現在你欺騙他，不守信用。將來，他也會欺騙別人，不守信用的。況且，母親欺騙了兒子，兒子就不信母親了。今後，你又怎麼去教育他呢？」

曾參的妻子無話好說，只好聽任丈夫讓人把豬殺了，兌現了對兒子的許諾。

做父母的，對於子女的承諾必須履行。不管子女是多大年齡。即使是小孩子也不能違背信義。父母的失信會使孩子們對成人產生懷疑，不再信任別人。而你一旦失去信譽後，要想重新獲得信任和尊重，必須付出艱辛的努力。

失去信譽之後，你周圍的人會用懷疑的眼光、埋怨的話語來對待你，沒有人會再信任你，沒有人會把你當作朋友，沒有上司會重用你，你的眞誠也沒有人理解。在這種狀況下，你必須加倍努力，才能樹立在別人心目中的形象，才能獲得別人的原諒。

當你因爲失去信譽而遭到別人冷落、拒絕、刁難之後，你應該有心理準備。因爲正是你的錯，才導致別人對你的歧視。而我們只有用信任去贏得信任，我們要讓那些懷疑的人被我們的眞誠所感動。

做生意也須講求信譽，靠誠信贏得讚譽和認同。有人認爲這會吃虧，但以誠待人、以信譽求發展，終究會得到長久的利益。靠欺詐、矇騙等手段賺取不義之財，雖然會嘗到一點小甜頭，但繼之而來的是更大的損失。

一位成功的商人這樣說過：「天資聰穎不如勤於學問，好學好問不如處世好，處世好不如做人好。」可見，誠實、信譽才是經商的韜略和智慧。

李嘉誠金言：你要別人信服，就必須付出雙倍使別人信服的努力。注重自己的名聲，努力工作、與人為善。遵守諾言，這樣對你的事業非常有幫助。

道德與誠實是商人的第一美德

談到事業成功的奧祕，許多人有著自己的看法。例如時機、資金、信譽等等。李嘉誠雖然也看重這些，但他卻有著自己的看法，他將道德和做人的誠實當作自己成功的第一要訣，他說：「長江取名基於長江不擇細流的道理，因為你要有這樣的曠達的胸襟，然後你才可以容納細流——沒有小的支流，又怎能成為長江？只有具有這樣博大的胸襟，自己才不會那麼驕傲，不會認為自己叻哂（樣樣出眾），承認其他人的長處，得到其他人的幫助，這便是古人說的『有容乃大』的道理。假如今日，如果沒有那麼多人替我辦事，我就算有三頭六臂，也沒有辦法應付那麼多的事情，所以成就事業最關鍵的是要有人能夠幫助你，樂意跟你工作，這就是鐵哲學。」

回顧歷史，李嘉誠在許多重要的關頭，都以誠實和道德作為第一要則。第一次是李嘉誠辭去塑膠公司的工作而自己創業，臨走時李嘉誠對老闆說了一句老實話：「我離開你的塑膠公司，是打算自己辦一間塑膠廠，我難免會使用在你手下學到的技術，也大概會開發一些同樣的產品，現在塑膠廠遍地開花，我不這樣做，別人也會這樣做。不過我絕不會把客戶帶走，用你的銷售網推銷我的產品，我會另外開闢銷售線路。」而且李嘉誠正是懷著愧疚之情離開這家塑膠公司的。

第二次是李嘉誠代表自己的廠與外商談生意，對方要求必須拿出擔保人親筆簽字的信譽擔保書。但李嘉誠找不到擔保人，所以他只能直率地告訴批發商：「我不得不坦誠地告訴您，我實在找不到殷實的廠商爲我擔保，十分抱歉。」而他的誠懇執著，竟深深打動了批發商，他說道：「李先生，我知道你最擔心的是擔保人，我坦誠地告訴你，你不必爲此事擔心，我已經爲你找好了一個擔保人。」李嘉誠愣住了，哪裡有由對方找擔保人的道理？批發商微笑道：「這個擔保人就是你。你的眞誠和信用，就是最好的擔保。」當時，兩人都爲這種幽默笑出聲來。談判在輕鬆的氣氛中進行，很快簽了第一單購銷合約。

以上兩個李嘉誠創業時的事例確實驗證了李嘉誠自己的觀點：只有誠實做人和嚴守道德才能立於不敗之地。

把光環讓給別人

當你拋開想成爲公眾焦點的願望，轉而讓他人擁有這種光環的時候，你的內心就會升起一股奇妙的平靜感。

我們對於吸引他人注意力的心理需要，就好比自我中心意識的思想在發話：「看我啊，多麼與眾不同！我的故事比你的精彩。」心裡的這個聲音也許不會說出來，但它堅信「我的成就就是比你的重要」。我們渴望自己被關注、被傾聽、被景仰、被認爲不同凡響，而且通常是跟另外一個人比較而言。這種意識驅使著我們經常打斷別人的談話或總是迫不及待地要發言，以便將注意的中心引到自己身上。想想看，我們是否在一定程度上都有這種毛病？你急匆匆地搶斷話頭，喋喋不休地高談闊論，無形中卻敗了別人的興致，從而疏遠了自己與他人的距離，眞是對誰都沒有好處。

所以，下次再有人給你講述什麼故事或要和你分享什麼愉悅時，你一定要注意自己是否又有想馬上自吹自擂的傾向。

雖然積習一時難以根除，但想想擁有這種把光環讓給他人的穩健的自信，將是多麼令人愉快的好事，你不願爲此一搏嗎？更何況做到這一點無須面對艱難困苦，你需要的只是勇氣和毅力以及一點點謙虛而已。不要急著跳出來說：「我也幹過這事！」也不要故弄玄虛：「你猜我今天做了什麼？」靜下心來認眞傾聽，你只需要說：「這眞棒！」或是「後來呢？」就夠了。這樣，與你交談的人更會感到和你談得來。而且，因爲你是如此在意，聽得如此專心，他會心生感激的。於是，你變得可愛起來，別人下次還願找你聊，你越來越受歡迎了，因爲你和藹可親、善解人意。

當然，很多時候相互交流經驗、共同分享榮耀是完全有必要的。我們不提倡的只是那種毫無必要地出風頭的情況。請相信，當你克服了愛搶風頭的不良作風時，你就會從需要別人關注的消極心態，轉而擁有一種慨然把光環讓給他人的穩健的自信。你不會因此而失去什麼，相反，你的成熟美自然地昭示著一種無須聲張的厚度，一種並不張揚的高度。

李嘉誠金言：我深信「謙虛的心是知識之源。」是通往成長、啟悟、責任和快樂之路。

第八章　擁有良好的經商心態

運氣不是天上掉下來的

提到成功的人士，人們總會說出幸運兩個字。但不管人們對成功怎麼看，運氣都不是唯一的因素。在李嘉誠的成功經歷中，運氣在成功的因素中到底占有多大的比重呢？這是很多人都關心的問題。運氣和機遇，看上去很像是一對孿生兄弟，往往使人分不清彼此，但是，兩者是有著本質上的不同的。

李嘉誠對這個問題有著清醒的認識，他承認，所謂「時勢造英雄」只是一種謙虛的說法。他眞正的答案是：「再坦白一點說，我在創業初期，幾乎百分之百不靠運氣，而是靠工作、靠辛苦、靠工作能力賺錢。你必須對你的工作、事業有興趣，要全身心地投入工作。」

李嘉誠表示：「不敢說一定沒有命運，但假如一件事在天時、地利、人和等方面皆相背時，那肯定不會成功。若我們貿然去做，至失敗時便埋怨命運，這是不對的。」

至今，李嘉誠已工作六十多年了。六十多年間，他從一無所有，到擁有三家上市公司，市值數千億。他的順與逆，折射著香港的商業史，是香港經濟奇蹟的見證。

自三十歲起，李嘉誠就再也沒有細數過自己的財富。

「一九五七年、一九五八年初次賺到很多錢，對是否快樂感到迷惘，覺得不一定。後來想明白了，事業上應該多賺錢，有機會便用錢，用到好處，這樣賺錢一生才有意義。當初我打工的時候，有很大壓力，尤其是最初幾年，要求知，要交學費，自己節儉得不得了，還要供弟妹上中小學直至大學，頗爲辛苦。做生意頭幾年，也只有極少的資金，的確要面對很多問題。但我想，只要勤奮，肯去求知，肯去創新，對自己節儉，對別人慷慨，對朋友講義氣，再加上自己的努力，遲早會有所成就，生活無憂。當生意更上一層樓的時候，絕不能貪心，更不能貪得無厭。」

李嘉誠說：「年輕時我表面謙虛，其實內心很驕傲。爲什麼驕傲呢？因爲同事們去玩的時候，我去求學問；他們每天保持原狀，而自己的學問日漸提高。」

那時，同事們閒下來就聚在一起打麻將，李嘉誠卻捧著一本《辭海》啃，日日如是，翻得厚厚的一本《辭海》都發黑了。李嘉誠形容自己「不是求學，我是在搶學問」。正是靠了這種搶學問的精神，才會創造條件使幸運之神得以降臨，否則，沒有了精神的基礎，天上掉下來的金錢也會拿不住。

獨立創業前的心理準備

當你選擇獨立創業以後，需要進一步了解自己如何投入。

自己創辦企業，你要始終頭腦靈活，並需要不斷地製造賣得出去的東西，熟悉財務上的周轉金，能夠做到節約，能與人很好地相處。

受僱於別人的公司，薪水會有保障。而在自己企業中，即使你已經開始賺錢，也不能確定什麼時候能有收入。你需要財務上的周轉資金，而且必須存款，以防帳款過期未入。

在自己企業中，你將懂得節省開支，注意省錢，小心地使用各種設備，以防出現故障。一旦出現故障，你必須耐心等待修理人員修好。這時你將明白「不當家不知柴米貴」的道理，因爲現在是你花自己的錢。

個人企業創立開始就相當艱辛，你要努力地工作，在你尚未踏入這個領域之前，請先做好充分的心理準備，在個人企業裡你要的是什麼樣的生活？

1、安全感

無論是在開始創業時，還是開始投資時，很多人都會誠惶誠恐。有些人會因缺乏準備、資金、精力以及對生意的敏感度而使企業以失敗告終。個人企業就像是賭博，其賭注大小因個人情況而有所不同，因此，在下注之前，必須有所準備，尤其在開始時不要太過樂觀，這樣結果眞的虧了，心理上也能承受。

2、地位

如果你有一輛公司配的車，人們總是把你想得比擁有一輛私人轎車的人更重要，而經營個人企業時很少有這樣的地位。

3、財富

許多人經營個人企業相當成功，而且賺了很多錢，但是也有一些人賺錢極爲有限。爲了生活得好，你必須不斷地工作。任何有品質的生活背後總是艱辛的勞動。

4、家庭

無論你是在家賺錢還是在外賺錢，都應該與家裡的人更爲接近。但實際上，你不可能眞正地與家人有更多的時間相處交流，你必須用比一般人更多的時間來經營你的企業。尤其在剛創立個人企業時，你會把大量的時間投入到工作中，以盡快創造財富。

5、休假

你可以休假，但休假越多就意味著收入減少得越多。在你還是勞工階層時，即使是放假日，你仍然有薪水；而在自己的個人企業中卻沒有。一旦創立自己的企業後，就會明白自己根本不存在休假的機會，你會盡心盡責地爲自己的企業工作。

李嘉誠金言：未攻之前一定先要守，每一個政策的實施之前都必須做到這一點。當我著手進攻的時候，我要確信，有超過百分之一百的能力。換句話說，即使本來有一百的力量足以成事，但我要儲足二百的力量才去攻，而不是隨便去賭一賭。

做生意有賠有賺

將成功歸於「運氣」，將失敗歸於「自己不努力」的人一定能賺大錢。企業為創造利潤、保持領先地位，必須不斷奮鬥，保持穩定的發展。

兵家說勝敗乃常事，因此一般人認為不論做什麼事，勝負是免不了的，並把這種看法運用於生意經營上。例如：公司營運時好時壞，有時獲利，有時遭損，是很平常的事。因為企業經營會受到景氣好壞的影響，而受景氣影響的程度，往往和運氣有關，也就是說運氣的好壞，會影響業績，而公司有時賠錢有時賺錢，這是現實社會中常有的現象。

企業經營和生意是否賺錢因受外界環境的影響而時好時壞。會賺錢的人無論在什麼時候，都應該有很好的思想準備，即在任何時候都要有百戰不殆的想法。

我們並不否認「運氣」的存在，「運氣」普遍存在於人類社會，儘管肉眼看不見，但它們卻影響著我們的未來。懂得賺錢的人應有這種觀念：當事業順利時，將成功歸於「這是運氣好」，當事業不順利時，應想到「原因在於己」。總之，要有將成功歸於運氣好，失敗歸於自己的想法。

當事業順利時，認爲是自己的功勞，不免會產生驕傲和大意，容易導致下一次的失敗。事實上，成功是累積許多失敗和教訓而得來的，稍微走錯一步，就可能引起更大的失敗。心存驕傲和大意者，是不會想到這些的。而如果存有把成功歸運氣、把失敗歸自己的想法，則會使你在遭受小失敗時，會一一反省檢討，加以改進，邁向成功。

相反的，當事情不順利時，就認爲是「運氣差」而推諉責任，是不可能從失敗中得經驗的。如果你承認自己的做法有誤，然後加以改進，以後就會避免再犯類似的錯誤。這才是對「失敗乃成功之母」的眞正理解。

自始至終承認「失敗原因在於自己」，就會想方法消除失敗原因，加以反省，使下次經營成功。

心胸狹隘做不大生意

俗話說，無商不奸。這句話其實只說對了商人的一個方面，從許多成功商人的經歷來看，過於狡詐、刁鑽的人是很難獲得成功的。相反，那些本著吃虧是福的觀念去經營的人，往往會成爲事業的成功者。

現代社會，市場競爭無處不在，許多場合生意人之間的競爭不但十分激烈而且還很具獨特性。生意人對自己經營的企業或持有的證券，無論是從規模、種類上，還是從品質、數量上都感到不滿意，看到他人在各方面強於自己，於是不甘心落後，努力追趕，互相攀比。這種狹隘的心胸對於生意人來說是要不得的。

狹隘心胸的形成有許多因素，由於這些因素在生意人心裡產生的影響、作用的角度不同，攀比心理也不都是相同的。強烈的自尊心促使自己不能落後他人；自卑感總認爲不如他人會遭到嘲笑和譏諷；好勝心使自己做超極限動作……當看到己不如人時，心裡便出現了一種不平衡。

不去分析雙方面的內因、外因，只想拚命趕上並超過對方。在生活中我們通常稱這種人爲「紅眼病」，其實這正是狹隘心胸生意人的「紅眼病」患者。因此，這種狹隘心胸是投資心理上的一個誤區，可以稱之爲狹隘頑症。與之相比，有的人看到人強於己時並不是嫉妒而是抱著一種羨慕心理，從主觀和客觀等方面正確認識差距，找到產生差距的原因，再透過努力，達到超越的目的，這才是正確的經商意識。

生意人的狹隘心胸是有百害而無一利的，狹隘心胸從產生到結果都會給生意人帶來壞處。生意人在此心理的作用下，對自身條件往往會作出過低或過高的判斷。在比較時，自己所擁有的資本即使與他人各有優劣短長，也總是看到自己不如意的一面和對方優越的一面，不能客觀地認識雙方利弊，而作出己不如人的錯誤判斷。

當爲了追趕對方，決策投資的時候，本來自身因素和外部因素都不具備投資條件，卻又過高地估計了自己的實力，將不正確的決策付諸實施。其結果只能是欲速不達，慘遭敗績。然而，這只是狹隘心胸給自身帶來的損失。更爲甚者，很有可能會給他人帶來弊處。當意識到自己與他人的差距很難在短時間內縮短時，狹隘心胸便會進一步加深，產生不正當投資的想法，如對重要的原料市場超過計畫投資，實行短期壟斷，給對方造成短期內的損失，使產品不能及時出廠，影響對方企業信譽形象等。而自己由於原料大量積壓，資金周轉受阻，損失更爲慘重。這種損人不利己的做法除了發洩由狹隘心胸引發的怨恨情緒外，再就是損壞了自己的聲望和人格，這樣做的結果就是毀了自己，也毀了生意。

李嘉誠金言：名譽是我的第二生命，有時比第一生命還重要。

失敗後要有信心

俗話說，失敗是成功之母。未有人沒有經歷過失敗，但失敗本身並不可怕，可怕的是失敗之後沒有信心，不能夠自己站起來。李嘉誠在創業之初既有成功的喜悅，也有失敗的痛苦，而他卻能夠從失敗中找到一條成功之路。

李嘉誠經過幾年生活磨練之後，逐漸成熟了起來。做推銷工作的這段時間雖取得了一定的成功，但再努力畢竟只是一名高級「打工仔」，而他所管理的塑膠企業、塑膠公司的財產畢竟是董事長的，失敗的最終承擔者也只有董事長本人。企業的成敗都與李嘉誠的關係不大，這使十分渴望向社會證明自身價值的李嘉誠下定決心要自立門戶。因此無論老闆怎樣賞識，再三挽留，他都決意要離開，他要用自己平日點滴的積蓄從零開始，親自創業。

一九五〇年夏天，說做就做的李嘉誠以自己多年的積蓄和向親友籌借的五萬港元在筲箕灣租了一間廠房，創辦了「長江塑膠廠」，專門生產塑膠玩具和簡單日用品，由此起步，開始了他叱吒風雲的創業之路。

在創業最初的一段時期，李嘉誠憑著自己的商業頭腦，以「待人以誠，執事以信」的商業準則發了幾筆小財。但不久之後，一段慘澹經營期來臨了。幾次小小的成功，使得年輕且經驗不足的李嘉誠忽略了商戰中變幻莫測的特點，他開始過於自信了。幾次成功以後，他就急切地去擴大他那資金不足、設備簡陋的塑膠企業，於是資金開始周轉不靈，工廠虧損愈來愈重。過快的擴張，承接訂單過多，加之簡陋的設備和人手不足，極大影響了塑膠產品的品質，迫在眉睫的交貨期使重視品質的李嘉誠也無暇顧及愈來愈嚴重的次品現象。於是，倉庫開始堆滿了因品質問題和交貨的延誤而退回來的產品，塑膠原料商開始上門催繳原料費，客戶也紛紛上門尋找一切藉口要求索賠。

從做生意開始就以誠實從商、穩重做人處世的李嘉誠付出的代價是很慘重的。這種代價幾乎將李嘉誠置於瀕臨破產的境地。

這段時間，痛苦不堪的李嘉誠每天睁著布滿血絲的雙眼，忙著應付不斷上門催還貸款的銀行職員，應付不斷上門威逼他還原料費的原料商，應付不斷上門連打帶鬧要求索賠的客戶，以及拖家帶口上門哭哭鬧鬧、尋死覓活要求按時發放工資的工人們。

充滿自信心的李嘉誠做夢也沒有想到，在他獨自創業的最初幾年裡初嘗成功的喜悅後，隨之而來的卻是滅頂之災。一九五〇年到一九五五年的這段沉浮歲月，直到今日，李嘉誠回想起來都心有餘悸。這是李嘉誠創業史上最爲悲壯的一頁，它沉痛地記錄了李嘉誠摸爬滾打於暴雨泥濘之中的艱難歷程，它用慘重的失敗反映李嘉誠成功之路的坎坷不平和最爲心痛的一段際遇。

失敗其實並不是重要的，最重要的是失敗之後是否仍有信心，能否繼續保持或者擁有清醒的頭腦。像任何身處逆境的人一樣，李嘉誠經過一連串痛定思痛的磨難後，開始冷靜分析國際經濟形勢變化，分析市場走向。

在種類繁多的塑膠產品中，李嘉誠所生產的塑膠玩具在國際市場上已經趨於飽和狀態了，似乎已經沒有足夠的生存能力。這就意味著他必須重新選擇一種能救活企業、在國際市場中具有競爭力的產品，從而實現他塑膠廠的「轉軌」。之後，他果然從義大利引進了塑膠花生產的技術，並一舉成爲港島的「塑膠花大王」，進而完成他的霸業。

李嘉誠金言：創業的過程，實際上就是恆心和毅力堅持不懈的發展過程，其中並沒有什麼祕密，但要真正做到古老格言所說的勤和儉也不太容易。而且，從創業之初開始，還要不斷地學習，把握時機。

把生意看作你的情人

有時聽到一些生意人無可奈何地唉聲嘆氣：「好辛苦，沒有辦法啊，爲了三餐。」

做生意眞的是這麼沒有樂趣的單純的謀生手段嗎？認爲做生意沒有樂趣，會使你過分嚴肅，謹小愼微，總害怕出錯，怕打爛飯碗，結果恰恰相反而容易出錯。

認爲做生意沒有樂趣，很難使你眞正喜愛你的工作，以致窒息自己的進取心和創造欲，使你的生意停滯不前，無所作爲，甚至導致失敗。

你應該把生意看作自己的情人。這樣，你與「情人」的關係就充滿了激情，充滿了樂趣。你投入的感情越眞誠，得到的回報就越多，生意就更爲順手。

有些人工作後回到家裡，告訴家人的僅僅是工作如何繁重、勞累之類的話，這種人的生意往往不很成功。

而一個成功的生意人往往會激動地告訴妻兒，他怎樣面臨一連串的競爭，又如何一一對付過去；或是試圖把產品賣給一個大主顧時的驚喜和擔心；又或他開發一種新產品時的興奮和訂單似雪片一樣飛來時激動得全身發抖的情形。

求神拜佛不如求自己

從哲學角度講，唯物主義與唯心主義的鬥爭已經持續了幾千年，並且在漸漸走向唯物主義的勝利終點，與此同時，唯心主義的殘餘卻仍在作祟。

兩岸三地不少商人是很信神信鬼的。大凡開張慶喜，店裡免不了要請一尊財神，到廟裡燒香還願也是常事。不少人家裡有各種版本的算命預測之類的書籍，遇上重大決策，不翻一翻，捏算捏算，總也放不下心來。

最爲時髦的是對數字的迷信。綜合近年來中西合璧的情況，一般兆凶的數字包括星期五、七、十三等，兆吉的數位包括六、八等。這種毫無道理的迷信，卻有相當多的人相信，眞是一件奇怪的事情。這些數字眞有那麼大的神效嗎？

我們就以「八」爲例吧！「八」其實是一個平平淡淡並無任何意義的死數字。相信這個數位的吉凶意義，並無科學根據。若是爲了趕一下時髦，倒也沒有什麼。若是信得入神入化，弄得神魂顚倒，那還是很成問題的。因爲，相信這一套的人不能掌握自我命運，對自己的所作所爲嚴重缺乏信心，才會向神靈求助，希望得到保佑。迷信的氛圍，往往是陰冷的、低調的、悲觀的。

這種氛圍對於需要在商戰中拚搏的老闆來講，是十分不利的。我們知道，現代商戰中的競爭是十分激烈的，市場瞬息萬變，機會稍縱即逝。這要求我們目光敏銳，頭腦冷靜，任何情況下都能夠處變不驚、鎭定自若。這不僅需要經驗，更需要勇氣和自信，需要有百折不回的精神，如果我們把企業和自己的前程把握在神仙鬼怪的手裡，我們總有一天會失去一切。

保持對生意的興趣和熱情

從事一件工作，一定要有相當的耐力，專注工作，藉以培養自己對工作的興趣。成功的生意人懂得這個世界上沒有不辛苦的工作，他們視工作爲樂趣。須知：「要怎麼收穫，需先怎麼栽培！」

從前有個農夫有一匹馬，馬的工作很多，而農夫給牠的飼料卻很少。於是，馬就乞求上帝爲他另找一位主人。這個願望實現了。農夫把馬賣給了陶器匠，馬很高興。想不到陶器匠那兒的活兒更多更累，飼料給得比農夫還少，馬又抱怨自己的命不好，乞求上帝再爲他另找一位好主人。這個願望也實現了。陶器匠把馬賣給了皮革匠。當馬在皮革匠的院子裡看見馬皮的時候，不禁大聲哀嘆道：「唉，我這個可憐蟲！還不如跟著原來的主人好。看樣子把我賣到這裡不是要我去幹活兒，而是要剝我的皮。」

在當今賺錢機會比比皆是的社會裡，打一槍換一個地方的人大有人在，今天生意隆重開張，明天賺了一把就關門，後天再新開一家店鋪，也是經常可以見到的現象。但長此下去，每種生意都不精通，始終無法樹立起自己的商業形象，恐怕就眞要遭到當乞丐的命運了。

當然，選擇從事何種生意時，必須先考慮自己的能力與個性，這個生意確實不能使你充分發揮才能，那麼要有及時轉行的勇氣。但假若因無法忍受生意的辛苦，而想另找一份輕鬆的行業，那你恐怕永遠也無法找到適合自己的生意了。

要培養自己對所從事生意的興趣。對於很多因專注而成功的人，他們的做事專注，並不是捏著鼻子喝苦酒，反而像小朋友搭積木，拆了做，做了拆，其樂無窮，樂在其中。辛勞慣了的農民，讓他閒上三五天，他便心裡發慌，反而不如在地裡幹活開心。讀書人爬格子苦不堪言，但一天到頭瞎奔走，不看書，不動動筆便覺得魂不守舍。大抵各行業專注其中的人都是這樣。所以有位哲人說人生的一種境界是：衣帶漸寬終不悔，爲伊消得人憔悴。換一句話說：事業就是生命，爲它受苦正是人生樂事，恰像一對情人愛得苦不堪言，一天不見，就會失魂落魄。

做一行愛一行，就有自娛的特性，樂在其中便是自然的事了。因爲有樂趣，因爲可自娛，專注無須講大道理也是順理成章。試問：有什麼道理比有感情更能使人進入專注的角色呢？比如曹操之於權謀，李白之於詩酒，還有拿破崙之於戰爭與冒險，畢卡索之於繪畫。他們這些人專注於其中，既獲得自己的事業，也得到了充分的娛樂。若無自娛的樂趣，或讓他們放棄心領神會的樂趣，他們便會活得無精打采。

所以，對生意人的成功而言，專注既需要明理，更須有感情引導。只有對一樁生意有了感情的投入，理性自覺會更澈底，行爲也才更爲自然。

李嘉誠金言：我的一生充滿了挑戰與競爭，時刻需要智慧、遠見、創新，確實使人身心勞累。但綜觀一切，我還是很高興地說，我始終是個快樂人。

永遠不能自我滿足

有一位美國作家，曾經這樣總結過這些企業巨人所共有的特性：「他們獨具慧眼，能在別人沒有察覺的情況下看到挑戰的機會。有些企業家反應迅速，能在瞬息萬變的環境中發現機會；有些企業家則乾脆自己去主動創造機會。無論是誰，他們都能不顧一切地堅持新的想法，然後不屈不撓地克服困難，用盡自己的儲蓄，有時甘冒生命危險去追求生產新的產品提供新的服務。他們冒著風險，可是他們常常可以找到創造性的方法來化險爲夷。」

在創業的道路上取得巨大成功的李嘉誠，正是這些國際著名企業家群體中的佼佼者。從創業開始，他就充分發揮聰明睿智，不間斷地發現機會和創造機會，並且無論環境如何惡劣，他從不懈怠；無論取得多麼巨大的成就，他也永不滿足，他總是那麼腳踏實地去實現他的理想。

由於李嘉誠語言溫和，不輕易發脾氣，一生之中總在自覺不自覺地穩定自我，調節自己的情緒，並且非常善於集中精力去處理他應該處理的事情，而力圖不讓周圍的煩惱和挫折影響自己的思考，所以李嘉誠周圍的人都對他懷有深切的好感，別人總認爲他對事物持有精闢的分析和獨到的見解。

李嘉誠非常善於識才，也非常善於用人。他啓用人才的標準，總是最大限度地發揮人才專業才能；最大限度地實現人才的應得利益。這使得他身邊的人才往往都是具有創意、誠實、勤懇，有著遠大理想和抱負，對事業全身心投入的人。

李嘉誠在嚴格要求自己的同時，也用自己謙虛做人的態度和高尚的品德，薰陶和教育他的兒子和一切出任他身邊重要職位的有才之人。李嘉誠常說：「做人要盡可能地保持低調，以免樹大招風。如果你始終注意不過分顯示自己，就不會招惹別人的敵意，別人也就無法捕捉你的虛實。」

李嘉誠精湛地用人的策略和寬厚待人的作風，也使他的事業如虎添翼。在今日的李氏王國，李嘉誠擁有一個配合得十分默契，對每一件突如其來的事情有能力迅速作出決定，並爲長實、和黃系列業務發展制定策略的令人羨慕之「內閣」。正如馬世民所描述的那樣：「例如我覺得電信非常有潛力，李先生認爲適合，便立即著手進行。李先生喜歡能源，大家同意，便開始尋找投資機會。在長實、和黃這樣一個大集團，能這樣迅速作出決定的靈活性十分重要，我們這個內閣可以做到這一點。」

一如香港經濟評論家所總結的，「長實的李嘉誠有著敏鋭的觀察力和先知先覺、不墨守成規、不故步自封，經常保持著不斷進取、創新的精神，以適應新的情況。」

李嘉誠還綜合中國傳統經商方式，以及歐美經商方式的優點，針對每一個收購的目標，他會像歐美的商人一樣，事先召集手下，搜集各種情況，進行全面分析，然後，握一次手就確定了巨額的交易，而且從不後悔。其得力助手馬世民說：「在我們進行交易時，我們不喜歡律師群集，沒有律師在那裡會有更多的樂趣。」

李嘉誠金言：財富能令一個人內心擁有安全感，但超過某個程度，安全感的需要就不那麼強烈了。

第九章　練就一雙生意眼

經商不要忘記三條訣竅

李嘉誠在接受美國《財富》雜誌採訪時透露了三條經商訣竅：在別人放棄的時候出手；不要與業務「談戀愛」，也就是不要沉迷於任何一項業務；要讓合作夥伴擁有足夠的回報空間。

「聖人一句話，勝讀十年書」，這話一點不假。李嘉誠不是聖人，但誰也不能否認他在商界的成功經歷。他的這三句話，不管放在任何行業，任何一個管理人員，都應該從中理解出不同的意味來，都應該從中得到極大的收益。現在就讓我們一起來體會一下李嘉誠這三句話的個中滋味。

1、在別人放棄的時候出手

在別人放棄的時候出手，李嘉誠的意思應該不是說在別人放棄的時候圖便宜買下來，那樣是收垃圾的行爲。在考慮出手的時候，應該首先考慮別人爲什麼放棄，如果自己做是不是可以做好。

任何一個產業，都有它自己的高潮與低谷。在低谷的時候，相當大的一部分企業都會選擇放棄，有的是由於目光的短淺而放棄，還有的是由於各種各樣的原因而不得不放棄。這個時候就應該靜下心來認眞地進行分析，是不是這個產業已經到了窮途末路，是不是還會有高潮來臨的那一天。

如果這個產業仍處在向前發展階段，只是由於其他的一些原因才暫時處於低潮，看到了這種狀況，並從眞正意義上理解了這種狀況的實質，就應該選擇在「別人放棄的時候出手」。這個時候出手可以少走很多彎路，得到很多別的公司通過血的代價得出的經驗教訓，從而以比較低的成本獲得比較高的利益。

在李嘉誠看來，「在別人放棄的時候出手」，關鍵是要理解別人爲什麼放棄，自己爲什麼要出手。

2、不要與工作「談戀愛」，也就是不要沉迷於任何一項業務

「不要與工作『談戀愛』」，也就是不要沉迷於任何一項工作」，這是一種有著豐富的商業經歷之後超然於商業活動之外的心靈感受。對於一個眞正的商業人士來說，在他的眼中，應該是只有贏利的工作，而沒有永遠的工作。任何一項工作，當它走過成熟階段之後，必將走向衰落，而這個時候如果不進行自我調整，還抱著不放，必將隨著該項工作的衰落而走向失敗。

說起來也許很容易，但做起來就不是那麼簡單了，這主要是與一些人自我欣賞的情節有關。在取得了某一項工作上的成功之後，很多人往往將其作爲自己以後發展的基礎，將其作爲自己向別人炫耀的一塊招牌，無論如何，這塊招牌是不能倒的。招牌雖然象徵著過去的輝煌，豈不知如果總是沉醉於過去的輝煌往往會成爲進一步前進的絆腳石。

大丈夫，拿得起，放得下。拿得起或許很多人都可以做到，但眞正到了要放下的時候，大部分人或許都不捨得了。沒有永遠的工作，只有贏利的工作，在該放棄的時候，就應該學會放棄，利用前一個工作所積蓄的力量，可以很輕鬆地展開下一個工作，工作不斷轉移，但贏利的中心卻不能改變。

李嘉誠的這句話或許還有一層意思，就是不要被一項工作所套牢，不管這個工作的前景多麼誘人，也不要把自己的全部賭注都押在同一個工作上。分散工作類型，同時從事多個不同類型的工作，當其中的某一個工作不行了的時候，還有別的工作可以支撐，從而製造得以喘息的機會。

3、要讓合作夥伴擁有足夠的回報空間

合作夥伴是誰？合作夥伴對自己有什麼用？想清楚了這個問題，就比較容易理解這一句話了。在任何一個行業中，如果能有兩家公司保持比較好的合作夥伴關係，這兩家公司都可以達到雙贏的局面。合作夥伴之間的活動對雙方都有利是雙方操持穩定合作的基礎，這就需要雙方的任何一方都要多為對方著想，多考慮對方的利益。如果只是想著自己多得到一些利益，而讓對方少得到一些利益，這種合作夥伴關係必將走向破裂，受害的是合作的雙方。

合作夥伴之間是一種相輔相成、互相彌補的關係，在從事一項業務活動的過程中，如果雙方都拿百分之五十的利潤，這個活動可以很好地進行下去，因為雙方都感覺到自己的百分之五十是自己應該拿的。但如果一方只拿百分之四十，而願意把利潤的百分之六十都讓給對方呢？這樣或許在短期內是吃虧，但從長遠看

呢？你的贏利是什麼呢？結論不言自明，長期的合作的收益遠遠比一次合作的收益要高得多。有著良好的信譽，在行業中有幾家關係穩定的合作夥伴，是事業立於不敗之地的重要保障。

李嘉誠的三條訣竅意味深長。作爲一個商界奇才，李嘉誠無疑還有許多值得我們學習的地方，有待於我們去研究和體會。

多給些「優惠」

作爲一個理智的商家，就一定要具有長遠的戰略眼光，應該把精力首先集中在強化自己內部機制，選取有戰略眼光的「勢」，透過「設點」、「連線」、「立柱」等隱蔽的、有效的手段去圍形，最後形成固若金湯的勢力。只有這樣，才能在競爭中獲勝。相反，與某家公司爭小利，眼睛死死盯在眼前的利益上，一方面會因把精力耗於此種競爭上而無精力去「造大勢」；另一方面會因爭小利而得罪周圍的同行，樹敵過多，被人聯合而攻之。

所以，你千萬不要「鐵公雞一毛不拔」，相反，倒要經常讓些小利給別人。讓小利於別人，眼下像吃了點虧，但從長遠觀點看並非吃虧。讓小利於別人，別人不僅不會因爭利而與你敵對，反而會生出感激之情，信任於你。取得別人的信任比什麼都重要，而取得同行的信任就更爲重要。信任你的同行不僅不會拆你的牆腳，關鍵時刻還會幫你一把。即使不能幫你，也不會落井下石。

讓利於人，一定要讓得巧妙，否則也難以收到預期的效果。所謂巧妙，其實質在於要抓住顧客的需求心理，給予他想要得到的東西。如飯店免費爲顧客提供生活用品、爲顧客無償提供茶水等，都是給予顧客需要的利益。再如有的商店送貨上門、免費維修等，也都是滿足顧客需求利益的做法。

外國商人在商場競爭中累積了許多成功的經驗，並且各具特色。下面僅舉幾例：

◆日本商人認爲：只要能大量銷售，哪怕是極便宜的東西，也要大量組織貨源，因爲它有可觀的利潤可賺。

◆美國商人認爲：利潤大的商品，不是好商品，顧客喜愛的商品才是最好的商品；把貨物出門「概不退換」改爲貨物出門「負責到底」。

◆德國商人認爲：以好的服務品質去爭取顧客，以提高工作效率來降低商品成本。

◆英國商人：不說「這件商品我店沒有」而是說「你需要的商品我們將盡力替你想辦法」。

◆法國商人認爲：出售的即使是水果、蔬菜，也要像一幅寫生畫般藝術地排列。

李嘉誠金言：我開會很快，四十五分鐘。其實是要大家做「功課」。當你提出困難時，就該你提出解決方法，然後告訴我哪一個解決方法是最好。

占領市場的制高點

爲了達到自己的某種目的，先慷慨地四處送情。爲了做成一筆交易，先大方地請客送禮。這些包藏著功利目的的脈脈溫情，這些吃小虧占大便宜的處世之道，在商戰中司空見慣。

老子說：將要收斂它，必須先擴張它；將要削弱它，必須先增強它；將要廢棄它，必須先興盛它；將要奪取它，必須先給予它。這就是一種深沉的智慧。他還說：用兵的講得好，我不敢取攻勢而取守勢，不敢前進一寸而要後退一尺，這就是人們所說的沒有陣勢可以擺，沒有胳膊可以舉，沒有敵人可以對，沒有兵器可以執。這種獨特的眼光和獨特的思維方式，使老子發現了許多別人發現不了的社會現象，總結出了不少行政、用兵和生活經驗，使這位主張拋棄一切智慧的哲學家，反而給後人提供了最多最有用的智慧。

在經商活動中，任何一個商人都必須把自己的砝碼裝在心中，有一桿能較準確衡量得失的秤，及時掂量出得與失的分量，做到胸中有全局。爲了保全局、整體的大利益，果斷地犧牲、捨棄小利益。比如，你誤進了一批仿冒品，不賣自己受損失，販賣則壞了名聲。爲了長遠的大利益，或是乾脆不賣，承受全部損失，或是公布於眾：這是「假貨」，然後削價處理。

再比如同樣開餐廳，同樣是由一個級別的廚師掌廚，菜的品質、味道不相上下，但其中一個爲什麼越開越清冷，而另一個卻越開越熱絡呢？究其原因就在於前者要價太高，每桌飯菜賺得太多，使人吃了一回再不想來第二回；而後者的主導思想是「薄利多銷」，使顧客總覺得吃的便宜、划算，便一次又一次光顧。這樣，何愁你沒有生意可做呢？

公說公有理，婆說婆有理。人們歷來認爲「薄利多銷」是經營之道，然而松下幸之助先生卻不這麼認爲，他說：「商家向來把『薄利多銷』看作是成功經營的信條，許多成功者的傳記中，都是這麼寫的，可是我現在要作澈底的修正。」

「薄利多銷」是從資本主義的缺點衍生出來的畸形產物。這樣一來，只有這一個人發展而其他所有的人都受困擾。所以他確信，唯有「厚利多銷」，才是社會和公司共同繁榮的基礎。

不過，所謂的「厚利多銷」，並不是把過去一成的利益增加到兩成，而使這增加的一成利潤轉嫁到消費者頭上，這並非他的本意。他不是按照過去的做法，將確保利益的負擔讓消費大眾承擔，而是透過合理化經營，得到公正的利益，再把利益作公平分配。

這一「薄」一「厚」，並無貪、讓之分，其最終效益同樣是既維護了企業的利益，又回報了社會和消費者。

調整方向填補空白

在商場競爭的過程中，經營同一種產品的人越多就好像在跑道上與你競爭的對手越多，你將很難超越他們。

作爲企業家的李嘉誠十分懂得尋找經營空白，開拓新興市場的重要性，因而，他的經營決策很快落實到了行動中。當時，塑膠花風靡世界，在香港市場也是如此。李嘉誠分析，塑膠花實際上是植物花的翻版，每一個國家和地區所種植並喜愛的花卉不盡相同，而目前香港和國際市場生產的樣品太義大利化了，並不適合香港和國際大眾消費者的喜好，因此，他根據時代的要求以及對消費者的調查結果，設計出全新的款式，而且要求自己的企業不必拘泥植物花卉的原有模式，要敢於創新。

當李嘉誠從國外考察回來時，隨機到達的還有幾大箱塑膠花樣品和資料。

李嘉誠回到長江塑膠廠，他不動聲色，只是把幾個部門負責人和技術幹部召集到他的辦公室，把帶來的樣品展示給大家。眾人爲這樣千姿百態、栩栩如生的塑膠花拍案叫絕。

李嘉誠宣布，長江廠將以塑膠花爲主攻方向，一定要使其成爲本廠的主力產品，使長江廠更上一層樓。產品的競爭，實則又是人才的競爭。李嘉誠四處尋訪，高薪聘請塑膠人才。李嘉誠把樣品交他們研究，要求他們著眼於三處：一是配方調色；二是成型組合；三是款式品種。

李嘉誠明察秋毫，他認爲塑膠花工藝並不複雜，因此，長江廠的塑膠花一面市，其他塑膠廠勢必會在極短時間內跟著模仿上市。之所以會這樣，是因爲生產的塑膠花成本並不高。價格一高，問津者必少。其他廠家再一擁而上，長江廠的市場地位就難得穩定。所以，李嘉誠提出在經營策略上倒不如在人無我有、獨家推出的極短的時間內，以適中的價位迅速搶占香港的所有塑膠花市場，一舉打出長江廠的旗號，掀起新的消費熱潮。

賣得快，必產得多，「以銷促產」，比「居奇爲貴」更符合商界的遊戲規則，以此來確定自己在行業中的霸主地位。這樣，即使效顰者風湧，長江廠也早已站穩了腳跟，長江廠的塑膠花也深深植入了消費者心中。事實果眞如此，李嘉誠走物美價廉的銷售路線，大部分經銷商都非常爽快地按李嘉誠的報價簽訂供銷合約。有的爲了買斷權益還主動提出預付百分之五十訂金。

很快，塑膠花風行香港和東南亞。老一輩港人記憶猶新，幾乎在數週之間，香港大街小巷的花卉店，擺滿了長江廠出品的塑膠花。尋常百姓家、大小公司的辦公室，甚至停車場，都能看到塑膠花的倩影。而李嘉誠由於掀起了香港消費新潮流，使長江塑膠廠由默默無聞的小廠一下子蜚聲香港塑膠業界。就這樣，李嘉誠在香港洞燭先機，快人一步研製出塑膠花，填補了香港市場的空白。另外，由於李嘉誠不按物以稀爲貴的一般道理賣高價，而是著眼於占領市場份額，因而一舉成功。

> 李嘉誠金言：世界每天在變，變到你也不相信，對我自己來講，從我開始做塑膠，已追求新的知識；現在做地產也好，做貨櫃碼頭也好，或是其他行業，都希望多了解，有知識才能有宏觀的看法而獲得最後勝利。

商標是一筆無形的財產

要想成爲一個成功的商人，在參與激烈的市場競爭中，尤不可忽視的便是商品的名稱。商品名稱可以誘發消費者的需求欲望，因而用詞可以文雅別緻取勝，也可因樸實大方而討人喜歡。總之商標要使消費者產生美好的聯想、回憶、嚮往和希望，命名要寓意深、情趣美、感染力強。

孔子認爲，名不正則言不順，言不順則事不成，事不成則禮樂不興，禮樂不興則刑罰不中，刑罰不中則百姓的行爲沒有規範。

韓非也講正名，他說治理國家應該把事物的名稱放在第一位，確定了名稱，事物才會端正；名稱歪斜了，事物就會隨之改變，這就是「名正物定，名倚物徙」的道理。

命名要注意民族風格，避免因地區消費的歷史文化和風俗習慣而使消費者在情感上難以接受。如堪稱中國品質上乘的出口商品——「山羊牌」鬧鐘，在東南亞市場大受歡迎。而在英國市場上卻莫名其妙地滯銷。人們想不到造成這幕悲劇的直接原因居然是商品的商標本身。原來，山羊在東南亞譯爲「山羊」並無令人討厭之處；而在英文中，「山羊（goat）」則有色狼之意。在市場上購買日用消費品的大部分是家庭婦女，對於這種牌子的鬧鐘當然望而生畏。這也正如韓非所說「名不正物不定」，商品品質再好也打不開銷路。

與之相映成趣的是，有些顧客在購買商品時，往往追求優質名牌，他們購買那些優質名牌商品時，除了注重其品質、品牌之外，還有一種顯示自己的地位和威望的目的。這是一種正當的求名心理動機。可見，同樣用途、同樣品質的商品，名牌與非名牌的銷售量就大不一樣，經濟效益也有天壤之別。

爭名是爲了奪利，在當今商戰中，這很容易使人想到商標和商標搶注。商標既屬工業產權，也屬知識產權，但商標不是自然產生的權利，而要在註冊後才能產生權力、受到保護。在具體實施商標保護時，有一定的國際慣例，其一是使用在先原則，即誰先使用，誰就獲得商標的所有權和使用權；其二是領土延伸原則，即註冊商標的保護範圍只限於註冊國領土範圍內。

當然，這無疑爲不正當競爭留下了可乘之機：如果商標所有者不及時註冊，或未申請商標國際註冊，或註冊國家少於商品出口國和潛在出口國，競爭者就會乘虛而入搶著註冊。所以，商標是需要長期培育的無形財產，是企業提高創匯能力和獲得利潤的重要手段，馳名商標更具有長遠的經濟價值、信譽價值、產權價值和藝術價值，在占領市場、擴大銷路、參與國際競爭上發揮著不可忽視的作用，經營者切不能等閒視之。

培養「情報」意識

老闆能否成功的關鍵，還在於對事物的感受能力。若無其事地在街上漫步，無心人往往什麼也感受不到，而有心人，如經常尋找新事業發展契機的經營者，對其事物和現象就會有所印象，而且牢牢地刻印在大腦裡。糊裡糊塗過日子的即使有所感受，也不過是停留在表象上。而有目的、意識的人會將它作為「情報」來接受。

根據不同的情況，從其事物和現象會發現對人生或生意上的啓示。例如，電視、網路廣告，切實地反映了世俗現像，比直接獲得情報更有助於把握時代感覺。還有一些商品的命名，如「五月花」、「好自在」等等，就給人留下很深的印象。而且，命名越有趣的商品越暢銷。現在正是感性市場的時代，怎樣抓住消費者的感性並將其表現出來，已成爲重要的戰略手段。

曾經不情願地被人拉到百貨商場，也許你會意外地發現這兒正是情報的寶庫。所以對於怎樣看待事物，怎樣去感受，作爲一個企業主應多想想「爲什麼」。「爲什麼呢？」這樣的疑問，正是一個經營者最必要的感受方法。「爲什麼」思考是探究、摸清事物的本質的出發點。只對眼前的事物照原樣接受，是不能看穿其本質的。

比如，在咖啡店喝咖啡，覺得很好喝。沒有「爲什麼」思考的人僅此而已。即使稍好一點的人，也至多是對朋友或親人說：「那兒的咖啡味道不錯」，僅達到這樣傳播情報的程度。有「爲什麼」思考的人會去探究那種咖啡爲什麼好喝，確認其是用什麼煮的，探究咖啡豆的種類和攪拌方法，有機會時直接詢問老闆的祕訣。進一步探究的話，還會明白咖啡其本身的味道儘管如此，其實店內的氣氛也有相當的影響。就這樣，對「爲什麼」的思考挖掘下去，從感到咖啡好喝入手，自己會得到各種各樣的情報。在生意的舞台上，其差異會如實地顯現出來。有「爲什麼」思考的人發現異常現象時，會力圖去抓住其原因。比如，更容易識破客戶公司的經營危機，也更容易從部下的細微行動察知其生活上的異常。對事物沒有疑問的人對這些事感覺遲鈍，不會採取先下手的政策，往往被置於被動。這樣的話，便做不了經營者。不管怎麼說，生意都是先下手爲強。總之，新事業的契機常常緣於「為什麼」的思考。

李嘉誠金言：看一看資料後便能牢記，是因為我夠投入。

信用可用不可用

類似的傳說在很多富豪家族中都被演繹過一番，或者是洛克菲勒家族，或者是福特家族。

對於瞬息萬變、風雲莫測的商場來說，相信人是應該慎之又慎的。虛假的需求資訊，深藏欺詐的報價，吹得天花亂墜的廣告，都是防不勝防的陷阱，隨時都可能使你血本無歸。

孫子兵法云：知己知彼，百戰不殆。成功的商人，不可忘記這一深刻的古訓，永遠對你的對手保持警惕和戒備，隨時隨地密切注視對手的情況。如果不把問題弄個水落石出，就倉促與對方簽合約做生意，將是十分危險的。

我們大多數人，滿足於對問題的一知半解，比如到某地旅行，在導遊的陪同下，參觀了名勝古蹟後，就都滿足了，這多半是因爲尚未從學生時代放假旅行的習慣中脫離出來的緣故，也可以說是喜愛幼稚旅行的表現。

據資深的廚師講，每條魚的紋路都不一樣，從魚的外觀可以分辨出魚的味道。而我們多數人在與對手打交道很長時間後，仍然對對手的情況知之甚少。而且我們還缺少對他們了解的好奇心，這樣粗枝大葉地做生意，又怎麼能指望獲得全面的勝利呢！

還有的人士對信譽的依賴過分突出。不錯，越來越多的商人懂得建設良好的信譽意味著生意的興隆。信譽作爲自己的事情，當然越牢固越好，但具體到每一筆生意時，信譽是不能依靠的。

孫子兵法還說：兵不厭詐。懂得商場厚黑學的商人和高明的騙子都知道這個道理，很可能剛開始在你面前顯示的幾次信用不過是引誘你步向深淵的一個詐術。爲什麼富豪爺爺讓小孫子第二次跳下壁爐時縮回雙手，就是告訴他這個道理。

在生意場上，即使成功與對方做成了一筆生意，並不意味著下一次就有保證。人家不一定會因此信任你，你不必指望它會給你帶來多大的好處。同時，你也不能因此信任對方。生意場中，豈止沒有永遠的朋友，連兩次的夥伴也不應存在。

每次都是「初次」。如果單純地認爲已經成功地做成了一次生意，所以這次也會和上次一樣取得成功，從而輕信對方的話，你就無法在商場上抵禦欺騙。

合夥生意如何做

在合夥生意中，爲了防患於未然，要防止個人控制財務。俗語說：「人爲財死，鳥爲食亡。」漢代的司馬遷也說：「天下熙熙，皆爲利來；天下攘攘，皆爲利往。」父子爲了錢財也會反目，更何況是以友誼和感情爲基礎的合夥關係呢？

所以爲了防微杜漸，不傷害所有合夥人的利益，不讓朋友們苦心經營的公司失敗，公司的財務對所有的合夥人要絕對公開，而且要公私分明，不容許任何人破壞大家共同建立的財務制度。

在合夥生意中，特別是好朋友在一起合夥時，一開始最容易發生這樣的現象。大家當初在學校時，或在某公司共事時，彼此好得跟一個人一樣，不僅錢財不分，連衣服都沒有分過彼此，一旦合夥做生意，自然也不好意思提議把錢財分清楚，誰要是在這方面太計較了，便顯得他太不夠意思。朋友有通財之義嘛！斤斤計較，豈不傷了和氣？反正有錢大家花就是了，誰花多點，誰花少點，又有什麼關係。

這種想法是大錯特錯的，將爲合夥生意種下無窮的後患！要知道，合夥做生意不是當年那種純感情的交往，你有錢請我吃碗麵、看場電影，我有錢請你去吃小館，根本不必計較你的我的，反正有錢大家花，花光了再想辦法。

合夥人做生意，是想以有限的金錢賺無限的金錢，大家的理想是要創造一份事業，爲自己創造一份財富。不僅不能把老本花光，賺的錢也不能全部開銷掉。如果到了年終、月尾一結帳，生意是賺了錢，但賺的錢全部都糊里糊塗開銷光了，大家的心裡就會開始計較了，你認爲他花的多，他認爲你花的多。一開始，大家基於過去的友情，還不好意思公開指出來，等到了忍無可忍提出來時，必然會嚴重地傷害彼此的感情。好朋友一旦決裂，那比不是朋友還嚴重，他覺得你不夠朋友，你認爲他不講交情。到這種地步，除了大家分手，再也沒有更好的辦法。

所以合夥做生意，必須要建立起一套完善的財務制度，而且要一絲不苟地去執行，絕不可以跟感情混在一起，造成你我不分的局面，免得等大家想分清楚的時候，已經無法分清了。

在合夥生意中，還有一種情況容易引起財務鬆動。大家一開始都很「理智」地訂出財務收支辦法，也訂出每個人應支付的薪水，可是到生意逐漸好起來後，以前所訂的辦法慢慢地便被破壞了。

比如，有人認爲他對這個生意出力多一點，多開支點錢也是應該的；有人有了急用，認爲也不妨借用點公款，反正大家是好朋友嘛，誰還會計較這種「小事」？如此一來，你多花一點，他不好意思說；他借用公款，你也不便阻止。而管財務的人，又是他們的同夥，當然更管不著了，長此下去，這個合夥生意就只有拆夥了。

任何一個團體，不管組織大小，必須要有紀律的約束，才能使很多人的不同目標歸於統一。合夥生意也是個小團體，當然不能沒有一套規則。換言之，志同道合的情感和理想使大家結合在一起，但要長久維持這種合作的體制，必須要靠理智來加以規範。

風險越大越具有吸引力

李嘉誠曾在大眾媒體說過一套六十年致富的祕訣，他指出，如果每年把一萬塊錢存在銀行裡，那麼幾十年後，所累積的數目不過數十萬而已，而如果將這些錢投入到風險很大的行業中去，通過這樣的累加，幾十年後就能達到數億之多。他用這個淺顯的道理告訴人們：風險越大，越容易成功。

1、風險越大，利潤也越大

李嘉誠指出，商業投資者應敢於承擔較大的企業風險，這是取得投資成功的重要途徑。因此，作爲商業投資者，應禁忌因吝嗇財產而缺少經營的勇氣。只有克服這種常人的恐懼，才可能獲得成功。

人們在面對少量財富時往往願意冒險而一旦財富過多則趨向於不願冒險。事實上正是這種冒險的惰性心理阻止了許多人冒險經營更大的事業。

2、投資風險大，抉擇要謹慎

(1)投資本身是一種商業行爲，和其他商業行爲一樣有可能賺，也有可能賠，希望投資的人們要愼重選擇，考慮清楚再投資。

(2)一般來說，投資是一種有錢人的經營活動。「有錢找錢容易，無錢找錢太難」這句話形象地說明，在流通領域中，市場經濟不可能爲每個人提供均等的機會，特別是在商業貿易活動中，市場經濟爲人們提供的機會要以人們的資金與財產量爲轉移，擁有資金與財產多的人，就可能獲得更多的機會，賺到更多的金錢與財富。

(3)人們在投資中往往容易犯隨大流的錯誤。例如投資者通常忽視在價值投資領域所存在的潛在機會：一些擺脫了破產命運的公司；一些有吸引力的資產擔保的失寵債券；那些股票市場價格並未反映其良好的購併前景的公司股票；投資者經常經營購併套利、通貨緊縮時的可轉換債券等。這是因爲對那些能在其中得心應手運作的人來說，這是最安全又最能穩定盈利的領域。

⑷制定投資計畫時，應考慮通貨膨脹因素，通貨膨脹可以使你的錢貶值，減小其原有的購買力，所以你在作理財規劃時，計算各種所需要的金額時，最好能針對這個因素，從寬估計。

3、把握目標，準確投資

李嘉誠指出，投資的目標與商人的意圖是密切相關的。當投資目標與經營的意圖完全一致時，投資的選擇基本上就是正確的。舉例來說，如果有三百元一份的套餐和三百元的吃到飽自助餐，你認爲哪個更划算？在這裡花錢吃飯與解決飢餓感的目的是完全一致的，如果這是一種投資，那麼他的大方向就沒有錯。

當然，投資的方式也取決於你飢餓的程度，但總有許多人盲目地選擇可以任意吃的自助餐，卻不考慮自己的眞正需要。他們把飽餐一頓與美食混爲一談。

所以對於投資者來說，一定要保證你買的都是你所想要的，甚至更進一步，要確保你沒有買下來你不需要的東西。一旦掌握了這一投資理財的原則，那麼你的投資就不會白白浪費了。

李嘉誠金言：當你賺到錢，到有機會時，就要用錢，賺錢才有意義。

敢於承擔風險

風險是生意人必須面對的問題。生意人從事的工作就是冒風險的工作。生意人既要有降低風險的能力，又要有敢於承擔風險的意識和勇氣。

如果你感到自己對風險有畏懼感，你就要設法克服它。進行個人冒險有利於樹立正確的風險觀。一項新的運動、一個新的培訓班、一個新的俱樂部、一個新的興趣或一個新的懸而未決的問題，只要你參與或從事，都有著相應的風險。當你做成了一件從未做過的事，你就會學到不少的東西，再進行商業冒險，你會感到得心應手。

一種有利於克服對風險的畏懼的方式是找一個敢於冒險的合夥人。「三個臭皮匠，勝過一個諸葛亮。」有一個大膽的同事，對你會有很大幫助的，與他一道評價經營計畫，找出最佳方法，挑戰不確定因素，爲你和你的企業帶來收益，這就要求這個合夥人應和你有互補性才能。當然，這個合夥人可以是本公司的，也可以是外面公司的，可以聘來，也可以讓他做兼職顧問，方式多種多樣，根據實際情況和你的需要進行選擇。

當然，在企業中，有時不是你不敢承擔風險，而是你的企業內存在著逃避風險的現象。這種情況下，你要花點時間觀察你的企業，找出逃避風險的表現。要發現是哪些人在逃避風險，他們對其他人有何影響，哪些事表現出逃避風險的習慣，這樣會帶來什麼影響……對自己觀察到的情況和思考得出的影響作好紀錄。

接下來思考如果保持當前的狀況，不作任何改變會有什麼事發生，注意這時要把各種可能性都考慮進去。這種探討，會對日後的變革起嚮導作用。你也可以想像，你的公司會在逃避風險的大膽行為、決定和自由中得到什麼好處。接下來要檢查自己的習慣。看自己的某些行為是不是對逃避風險起鼓勵和保護作用。你也可以讓員工認識到企業中存在的逃避風險的現象，讓他們提出改進方法。在進行這種活動時，你要有個計畫，以免受人責難，要讓更多的人進入探索改革的過程中。要對觀察到的事情及其影響，以及逃避風險的害處作出概括。要和員工交流感想，傾聽他們的談話。最後你會發現有許多改進方法。

你的最終目標是要創造一個鼓勵創新、改革和不斷進步的環境，鼓勵大膽進取和敢為天下先。首先可以開始幾個大膽的行動。在一個或幾個較小的創新改革就能帶來好處的領域進行冒險，等待成功的出現。這次一旦成功，下次的冒險就容易了，即使結果不盡如人意，也可以為下一步的行動提供經驗、教訓。只把它當作是向自己挑戰的學習經歷吧！

了解本行業的未來趨勢

拿破崙．希爾通過一項調查發現，頂尖人士都知道他的行業未來會如何改變，會有什麼新的潮流出現，他不斷地研究有關趨勢的報告，充分爲未來做準備。

成功者總是善於把握機會，因爲他們擁有充分的資訊來判斷未來的趨勢。

超級管理大師彼得．杜拉克曾經講過：「了解未來，才能夠創造未來。」你必須對自己行業的未來有所了解，這個行業五年之後是否依然盛行，是不是未來最大的產業之一。

舉個例子來說，以前從事唱片業的人認爲：自己做到世界第一名就不需要再進步了——他缺乏了解未來的資訊，不了解ＭＰ３即將要取代ＣＤ。你看現在還有多少人願意買ＣＤ？大概很少。

因爲每個人都在買ＭＰ３、ＭＰ４，每一個人都在追求高品質的產品，以前這些人並不知道他們的行業會有怎樣的轉變，因此遭到淘汰還不知道，也無法應變，因爲他們沒有新的知識、新的技能。

現在，大部分的人都喜歡自己獨立創業，這樣他必須負擔起重大的責任，他必須學習更多，他必須不斷參加一些新的課程，他必須不斷充實自己的知識。

當你知道，你所從事的行業是未來最熱門的行業，是時代的趨勢，不管是五年或十年之後，都是人們希望從事的行業，你是不是應該從現在就開始充實自己這方面的知識和技能呢？

只要你比別人懂得多，你比別人做更好的準備，你成功的幾率一定會比別人大得多。

做ＩＴ時代的新資本家

從二〇〇〇年開始，以生產塑膠花和地產業起家、被華人世界奉爲創富天才的李嘉誠已經開始了其商業生涯中的又一次「變臉」：「李超人」不再以地產商或其他類似的面目出現，這一回，他搖身一變成了ＩＴ時代的新資本家。

李嘉誠從傳統產業突圍，追趕時代腳步的一大明顯例證是：一九九九年，這位香港首富在世人一片驚嘆聲中，拋售英國電信Orange百分之四十九的股權，一進一出之間，將兩百二十億美元輕鬆揣入腰包。李嘉誠經營之道最主要的一招就是：「低買高賣」。

李嘉誠的辦公室非常典雅，在辦公樓的頂層可俯瞰香港海景。他七十二歲時依然精神矍鑠，每天要到辦公室中工作。據李嘉誠身邊的工作人員稱，他對自己業務的每一細節都非常熟悉，這和他幾十年養成的良好的生活工作習慣密切相關。

李嘉誠晚上睡覺前一定要看半小時的新書，了解最先進的思想和科學技術。據他自己稱，除了小說之外，文、史、哲、科技、經濟方面的書他都讀。這其實是他幾十年保持下來的一個習慣。他回憶過去時說：「年輕時我表面謙虛，其實內心很『驕傲』。爲什麼驕傲？因爲當同事們去玩的時候，我在求學問，他們每天保持原狀，而我自己的學問日漸增長，可以說這是自己一生中最爲重要的。現在僅有的一點學問，都是在父親去世後，幾年相對清閒的時間內得來的。因爲當時公司的事情比較少。其他同事都愛聚在一起打麻將，而我則是捧著一本《辭海》、一本老師用的課本自修起來。書看完了，賣掉再買新書。」

李嘉誠習慣在市場處於低潮時作重大的投資。他解釋說，投資要看資產是否具備長遠盈利能力，而不僅僅看價錢是否便宜。從一九九九年起，李嘉誠對全球電信業表現出極大的興趣，不斷尋找更新的發展機會。當年，李嘉誠以三百一十七億美元出售英國 Orange 第二代行動電話業務，而預計經營第三代行動電話的成本，總共不會超過一百四十億美元。

作爲一位頂級的資本大玩家，李嘉誠的觀點是，任何事情都要知道什麼時候該有所不爲。李嘉誠最讓人驚訝的舉動是：在第三代行動電話前景普遍被看好時，他居然頂住了誘惑，主動退出德國、瑞士、波蘭和法國的第三代行動電話經營牌照競標。李嘉誠認爲，第三代行動電話固然是未來方向，但在當時市場一片狂熱之中，牌照競價已經過高，他只能選擇退出。事後證明，李嘉誠的這一判斷沒有錯。

隨著市場狂熱逐漸平息，李嘉誠又出人意料地重新進場。他拿出了將近九十億美元的資金，準備爭奪英國和義大利的第三代行動電話經營權。相信，他此番的意圖在於奪得具有未來美好前景的第三代行動電話的經營權和市場，此舉將對全球第三代行動電話的發展產生積極影響。

李嘉誠金言：資訊革命產生了巨大的影響，特別是對商業有巨大的影響。現在點擊一下滑鼠就可以獲得資訊。傳統公司的結構正在大大地變化，公司的運營速度必須快，必須有創意。

李嘉誠談做人・做事・做生意（全新修訂版）

作　　者　王祥瑞
發 行 人　林敬彬
主　　編　楊安瑜
副 主 編　黃谷光
編　　輯　蔡穎如・王艾維
內頁編排　王艾維
封面設計　曾竹君・王艾維
編輯協力　陳于雯・曾國堯

出　　版　大都會文化事業有限公司
發　　行　大都會文化事業有限公司
11051台北市信義區基隆路一段432號4樓之9
讀者服務專線：（02）27235216
讀者服務傳真：（02）27235220
電子郵件信箱：metro@ms21.hinet.net
網　　址：www.metrobook.com.tw

郵政劃撥　14050529 大都會文化事業有限公司
出版日期　2016年3月修訂初版一刷
定　　價　250元
ISBN　978-986-5719-51-7
書　　號　Success-078

Metropolitan Culture Enterprise Co., Ltd.
4F-9, Double Hero Bldg., 432, Keelung Rd., Sec. 1, Taipei 11051, Taiwan
Tel:+886-2-2723-5216　Fax:+886-2-2723-5220
Web-site:www.metrobook.com.tw
E-mail:metro@ms21.hinet.net

◎《李嘉誠談做人．做事．做生意》系列，共計有：

1.《李嘉誠談做人．做事．做生意》，2008年8月初版（已絕版）
2.《李嘉誠再談做人．做事．做生意》，2009年2月初版（已絕版）
3.《李嘉誠談做人．做事．做生意 全集》，2011年10月初版
4.《李嘉誠談做人．做事．做生意（全新修訂版）》，2016年3月修訂初版
5.《李嘉誠再談做人．做事．做生意（全新修訂版）》（即將出版）

大都會文化 METROPOLITAN CULTURE　大都會文化

國家圖書館出版品預行編目 (CIP) 資料

李嘉誠談做人做事做生意 / 王祥瑞著. -- 修訂初版.
-- 臺北市：大都會文化，2016.03
256面；14.8×21公分

ISBN 978-986-5719-51-7（平裝）
1. 職場成功法 2. 企業管理

494.35　　104006125

大都會文化

大都會文化　讀者服務卡

書名：**李嘉誠談做人．做事．做生意（全新修訂版）**

謝謝您選擇了這本書！期待您的支持與建議，讓我們能有更多聯繫與互動的機會。

A. 您在何時購得本書：______ 年 ______ 月 ______ 日

B. 您在何處購得本書：____________ 書店，位於 ____________（市、縣）

C. 您從哪裡得知本書的消息：

1. □書店　2. □報章雜誌　3. □電台活動　4. □網路資訊

5. □書籤宣傳品等　6. □親友介紹　7. □書評　8. □其他

D. 您購買本書的動機：（可複選）

1. □對主題或內容感興趣　2. □工作需要　3. □生活需要

4. □自我進修　5. □內容為流行熱門話題　6. □其他

E. 您最喜歡本書的：（可複選）

1. □內容題材　2. □字體大小　3. □翻譯文筆　4. □封面　5. □編排方式　6. □其他

F. 您認為本書的封面：1. □非常出色　2. □普通　3. □毫不起眼　4. □其他

G. 您認為本書的編排：1. □非常出色　2. □普通　3. □毫不起眼　4. □其他

H. 您通常以哪些方式購書：（可複選）

1. □逛書店　2. □書展　3. □劃撥郵購　4. □團體訂購　5. □網路購書　6. □其他

I. 您希望我們出版哪類書籍：（可複選）

1. □旅遊　2. □流行文化　3. □生活休閒　4. □美容保養　5. □散文小品

6. □科學新知　7. □藝術音樂　8. □致富理財　9. □工商企管　10. □科幻推理

11. □史地類　12. □勵志傳記　13. □電影小說　14. □語言學習（_____ 語）

15. □幽默諧趣　16. □其他

J. 您對本書（系）的建議：

K. 您對本出版社的建議：

讀者小檔案

姓名：______________ 性別：□男　□女　生日：____ 年 ____ 月 ____ 日

年齡：□ 20 歲以下 □ 21 ～ 30 歲 □ 31 ～ 40 歲 □ 41 ～ 50 歲 □ 51 歲以上

職業：1. □學生 2. □軍公教 3. □大眾傳播 4. □服務業 5. □金融業 6. □製造業

7. □資訊業 8. □自由業 9. □家管 10. □退休 11. □其他

學歷：□國小或以下 □國中 □高中／高職 □大學／大專 □研究所以上

通訊地址：________________________________

電話：（H）______________（O）______________ 傳真：______________

行動電話：____________________ E-Mail：____________________

◎謝謝您購買本書，歡迎您上大都會文化網站（www.metrobook.com.tw）登錄會員，或至 Facebook（www.facebook.com/metrobook2）為我們按個讚，您將不定期收到最新的圖書訊息與電子報。

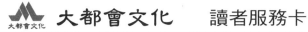

李嘉誠 談

做人・做事・做生意

|全新修訂版|

北區郵政管理局
登記證北台字第9125號
免　貼　郵　票

大都會文化事業有限公司
讀者服務部　收

11051台北市基隆路一段432號4樓之9

寄回這張服務卡〔免貼郵票〕
您可以：
◎不定期收到最新出版訊息
◎參加各項回饋優惠活動